市政工程专业人员岗位培训教材

资料员专业与实务

建设部 人事教育司 组织编写
　　　 城市建设司

中国建筑工业出版社

图书在版编目（CIP）数据

资料员专业与实务/建设部人事教育司、城市建设司组织编写.—北京：中国建筑工业出版社，2006
市政工程专业人员岗位培训教材
ISBN 978-7-112-08254-4

Ⅰ.资… Ⅱ.建… Ⅲ.①建筑工程—工程施工—项目管理：档案管理—技术培训—教材②建筑工程—工程施工—技术档案—档案管理—技术培训—教材
Ⅳ.①TU71②G275.3

中国版本图书馆 CIP 数据核字（2006）第 038539 号

市政工程专业人员岗位培训教材
资料员专业与实务
建设部 人事教育司
城市建设司 组织编写

*

中国建筑工业出版社出版、发行（北京西郊百万庄）
各地新华书店、建筑书店经销
北京永峥排版公司制版
北京市彩桥印刷有限责任公司印刷

*

开本：850×1168 毫米 1/32 印张：7¼ 字数：195 千字
2006 年 6 月第一版 2009 年 12 月第四次印刷
定价：15.00 元
ISBN 978-7-112-08254-4
（14208）

版权所有 翻印必究
如有印装质量问题，可寄本社退换
（邮政编码 100037）

本书由施工项目管理和施工技术资料管理实务两部分组成。

施工项目管理主要内容是施工项目管理基本知识、施工准备阶段项目管理、施工阶段的质量控制、安全控制与现场管理、进度控制与成本控制、合同管理、信息管理、生产要素管理与组织协调、项目竣工验收阶段管理；施工技术资料管理实务包括资料员工作职责、文书工作、施工质量技术资料管理、施工安全技术资料管理、工程项目档案管理和相关的法律法规文件等内容。

本书可供市政工程施工资料员使用，也可供施工现场项目经理、技术负责人、工长、质量检查员使用。

* * *

责任编辑：胡明安　田启铭　姚荣华
责任设计：赵明霞
责任校对：张树梅　王金珠

出 版 说 明

为了落实全国职业教育工作会议精神，促进市政行业的发展，广泛开展职业岗位培训，全面提升市政工程施工企业专业人员的素质，根据市政行业岗位和形势发展的需要，在原市政行业岗位"五大员"的基础上，经过广泛征求意见和调查研究，现确定为市政工程专业人员岗位为"七大员"。为保证市政专业人员岗位培训顺利进行，中国市政工程协会受建设部人事教育司、城市建设司的委托组织编写了本套市政工程专业人员岗位培训系列教材。

教材从专业人员岗位需要出发，既重视理论知识，更注重实际工作能力的培养，做到深入浅出、通俗易懂，是市政工程专业人员岗位培训必备教材。本套教材包括8本：其中1本是市政工程专业人员岗位培训教材《基础知识》属于公共课教材；另外7本分别是：《施工员专业与实务》、《材料员专业与实务》、《安全员专业与实务》、《质量检查员专业与实务》、《造价员专业与实务》、《资料员专业与实务》、《试验员专业与实务》。

由于时间紧、水平有限，本套教材在内容和选材上是否完全符合岗位需要，还望广大市政工程施工企业管理人员和教师提出意见，以便使本套教材日臻完善。

本套教材由中国建筑工业出版社出版发行。

中国市政工程协会
2006年1月

市政工程专业人员
岗位培训系列教材编审委员会

顾　　　问：李秉仁　李东序
主 任 委 员：林家宁　张其光　王天锡
副主任委员：刘贺明　何任飞　果有刚
委　　　员：丰景斌　白荣良　冯亚莲　许晓莉　刘　艺
　　　　　　陈新保　陈明德　弥继文　周美新　张　智
　　　　　　张淑玲　赵　澄　戴国平　董宏春

前　言

建设工程施工技术文件，是建设工程施工全过程安全管理和工程实体质量的真实记录，是施工项目管理的基础工作之一，也是考核评价项目管理、安全生产和工程质量的资料依据。同时，施工技术文件为施工项目的质量目标、进度目标、安全目标、文明施工目标和成本控制等项目目标的动态控制，提供分析研究基础材料。施工技术资料的收集整理水平，直接反映了施工企业和项目经理部的管理水平以及质量控制、安全管理的状况。

为了加强施工项目管理、规范施工管理行为，尤其是加强施工技术资料的规范化管理，根据《中华人民共和国建筑法》、《建设工程质量管理条例》、《建设工程安全生产管理条例》、《城市建设档案管理规定》和国家、行业、广东省有关的技术规范、标准、规定，结合广东省市政基础设施工程的实际情况编写了本教程。

本书由施工项目管理和施工技术资料管理实务两部分组成。

施工项目管理分7章，主要内容是：施工项目管理基本知识；施工准备阶段项目管理；施工阶段的质量控制；安全控制与现场管理；进度控制与成本控制；合同管理、信息管理、生产要素管理与组织协调；项目竣工验收阶段管理。

施工技术资料管理实务分6章，包括资料员工作职责；文书工作；施工质量技术资料管理；施工安全技术资料管理；工程项目档案管理；相关的法律法规文件。

本书引用的《广东省建筑施工安全管理资料统一用表》和《广东省市政基础设施工程质量技术资料统一用表》中的各种表格（条文），分别是施工企业、监理单位、业主、安全监督机构、质量监督机构安全生产管理和施工质量控制的基本用表,是施工现场管理的必备资料;施工企业可结合企业经营管理的需要、工程特点以及业主、监理方的特殊要求,补充增加相关资料。

本书由余桂生主编,蔡勇副主编,刘楚霞协编。本书得到广州市市政集团培训中心的大力支持。

本书编写过程中,还得到了广州市市政建设学校有关领导的大力支持和指导,建设部、中国市政工程协会、广东省建设厅、广东省市政工程协会等有关单位对本书的大纲和内容提出了指导性意见,笔者在此一并表示衷心的感谢!

由于编写时间比较仓促,加上编者水平有限,本书不妥之处、粗糙遗漏之处在所难免,恳请批评指正。

目 录

1 施工项目管理 ··· 1
　1.1 施工项目管理的基本概念 ······················· 1
　1.2 施工项目管理的基本知识 ······················· 4
　1.3 项目管理的内容和方法 ························· 10
　1.4 施工资源管理 ··································· 12
　1.5 市政基础设施工程的范围和特点 ············· 14
2 施工准备阶段的管理工作 ··························· 16
　2.1 施工组织设计 ··································· 16
　2.2 施工图设计会审、技术交底和开工条件 ······ 17
　2.3 施工依据及施工制约因素 ······················· 19
　2.4 项目经理责任制 ································· 21
　2.5 项目经理部 ······································ 25
3 施工质量控制 ··· 28
　3.1 建设工程项目质量的涵义 ······················ 28
　3.2 质量管理体系和质量保证体系 ················· 30
　3.3 施工质量控制的基本要求 ······················ 35
　3.4 施工质量计划 ··································· 39
　3.5 施工准备阶段的质量控制 ······················ 42
　3.6 施工阶段的质量控制 ··························· 43
　3.7 施工过程质量控制的方法 ······················ 47
　3.8 施工质量的验收 ································· 52
　3.9 竣工阶段的质量控制 ··························· 56
　3.10 质量持续改进与检查验证 ····················· 57
　3.11 施工质量事故的处理 ··························· 60

4 施工安全控制 … 65
- 4.1 施工安全控制的基本概念 … 65
- 4.2 安全保证计划 … 69
- 4.3 危险源识别与风险评价 … 71
- 4.4 安全保证计划的实施 … 76
- 4.5 安全检查 … 79
- 4.6 安全隐患和安全事故处理 … 83
- 4.7 工伤的认定和职业病的处理 … 85
- 4.8 项目现场管理 … 87
- 4.9 职业健康安全与环境管理体系 … 94

5 施工进度控制与成本控制 … 98
- 5.1 施工进度控制 … 98
- 5.2 施工成本控制 … 105

6 项目合同管理、信息管理、生产要素管理与组织协调 … 113
- 6.1 项目合同管理 … 113
- 6.2 项目信息管理 … 126
- 6.3 项目生产要素管理 … 128
- 6.4 项目组织协调 … 136

7 项目竣工验收阶段管理及售后服务期管理 … 143
- 7.1 项目竣工验收的基本要求 … 143
- 7.2 竣工验收准备 … 145
- 7.3 竣工资料 … 146
- 7.4 竣工验收管理 … 148
- 7.5 竣工结算 … 151
- 7.6 项目回访与保修 … 153
- 7.7 项目考核评价 … 156

8 资料员工作职责 … 160
- 8.1 施工技术文件管理 … 160
- 8.2 工程项目资料员岗位规范 … 163

9 文书工作 ··· 166
9.1 文书工作的概念 ··· 166
9.2 公文的基本知识 ··· 167
9.3 文件管理 ··· 174
10 施工质量技术文件 ··· 176
10.1 施工准备阶段的质量技术资料 ··· 176
10.2 施工阶段的质量技术资料 ··· 177
10.3 竣工验收阶段的质量技术资料 ··· 189
10.4 竣工图 ··· 190
11 施工安全技术资料 ··· 192
11.1 施工企业安全生产管理 ··· 192
11.2 工程项目安全生产管理 ··· 193
11.3 施工安全生产技术资料 ··· 195
11.4 安全监督 ··· 196
12 工程项目档案管理 ··· 198
12.1 工程项目档案资料的收集 ··· 198
12.2 施工技术文件的组卷方法和要求 ··· 200
12.3 工程项目档案整理 ··· 202
12.4 工程项目档案的归档及验收 ··· 206
13 相关的法律法规性文件 ··· 208
13.1 建筑业十项新技术 ··· 208
13.2 建筑施工企业安全生产管理机构设置及专职安全生产管理人员配备办法 ··· 213
13.3 危险性较大工程安全专项施工方案编制及专家论证审查办法 ··· 216
13.4 广东省建筑施工安全管理资料统一用表 ··· 218
13.5 相关的法律法规文件、规范标准目录 ··· 219

1 施工项目管理

1.1 施工项目管理的基本概念

1.1.1 项目管理的基本知识

1. 项目含义

什么是项目？日常生活中，项目泛指各类事物的款项，例如工业生产项目、科研项目、教育项目、体育项目、娱乐项目、工程项目等。项目的种类按其最终成果划分，有建设项目、科研开发项目、航天项目、工程项目及维修项目等。

工程项目包括房屋建筑、水利工程、公路工程、市政公用工程、道路工程、桥梁工程等。工程项目是指作为管理对象，按照限定时间、审定后的预算和现行国家质量标准所完成的一次性任务。

工程项目的特征大致可以归纳为三个方面：

（1）项目的一次性

项目的一次性是项目的最主要特征，也可称为单件性，指的是没有与此完全相同的另一项任务，其不同点表现在任务本身与最终成果上。只有认识项目的一次性，才能有针对性地根据项目的特殊情况和要求进行管理。

（2）项目目标的明确性

项目的目标有成果性目标和约束性目标。成果性目标是指项目目的性要求，如一座污水处理厂的污水处理能力及其技术经济指标。约束性目标是指限制条件，工期、投资预算（或成本预算)、合同规定的质量要求都是限制条件。没有项目目标的项目,不能算作项目。

(3) 作为管理对象的整体性

一个项目,是一个整体管理对象,在按其需要配置生产要素时,必须以总体效益的提高为标准,做到数量、质量、结构的总体优化。由于内外环境是变化的,所以管理和生产要素的配置是动态的。

每个项目都必须具备上述三个特征,缺一不可,重复的、大批量的生产活动及其成果,不能称作"项目"。

2. 建设项目的含义及其特征

建设项目是项目中最重要的一类。一个建设项目就是一项固定资产的投资项目,既有基本建设项目(新建、扩建、改建等扩大生产能力的建设项目),又有技术改造项目(以节约、增加产品品种、提高质量、治理"三废"、劳动安全为主要目的的项目)。建设项目是指需要一定量的投资,经过决策和实施(设计、施工等)的一系列程序,在一定的约束条件下以形成固定资产为明确目标的一次性事业或工程的全部完成的项目。

它的特征概括为五个方面:

(1) 在一个总体设计或初步设计范围内,由一个或若干个互相有内在联系的单项工程所组成的、建设中实行统一核算、统一管理的建设单位。

(2) 在一定的约束条件下,以形成固定资产为特定目标。约束条件一是时间约束,即一个建设项目有合理的建设工期目标;二是资源的约束,即一个建设项目有一定的投资总量目标;三是质量约束,即一个建设项目有预期的生产能力、技术水平或使用效益目标。

(3) 需要遵循必要的建设程序和经过特定的建设过程。即一个建设项目从提出建设的设想、建议、方案选择、评估、决策、勘察、设计、施工一直到竣工、投产或投入使用、保修是一个有序的全过程。

(4) 按照特定的任务，具有一次性特点的组织的形式。表现为投资的一次性投入，建设地点的一次性固定，设计单一性，施工单件性等。

(5) 具有投资限额标准。只有达到一定限额投资的才能作为建设项目，不满限额标准的称为零星固定资产购置。随着改革开放，这一限额将逐步提高，如投资50万元以上称建设项目。

1.1.2 建设工程项目管理的类型

1. 建设工程项目管理的内涵是：自项目开始至项目完成，通过项目策划和项目控制，以使项目的费用目标、进度目标和质量目标得以实现。

"自项目开始至项目完成"指的是项目的实施期；"项目策划"指的是目标控制前的一系列筹划和准备工作；"费用目标"对业主而言是投资目标，对施工方而言是成本目标。项目决策期管理工作的主要任务是确定项目的定义，而项目实施期管理的主要任务是通过管理使项目的目标得以实现。

2. 按建设工程生产组织的特点，一个项目往往由许多参与单位承担不同的建设任务，而各参与单位的工作性质、工作任务和利益不同，因此就形成了不同类型的项目管理。由于业主方是建设工程项目生产过程的总集成者和总组织者，因此对于一个建设工程项目而言，虽然有代表不同利益方的项目管理，但是，业主方的项目管理是管理的核心。

3. 按建设工程项目不同参与方的工作性质和组织特征划分，项目管理有如下类型：

（1）业主方的项目管理；
（2）设计方的项目管理；
（3）施工方的项目管理；
（4）供货方的项目管理；
（5）建设项目总承包方的项目管理。

投资方、开发方和由咨询公司提供的代表业主方利益的项目管理服务都属于业主方的项目管理。施工总承包方和分包方的项目管理都属于施工方的项目管理。材料和设备供应方的项目管理都属于供货方的项目管理。建设项目总承包有多种形式，如设计和施工任务综合的承包，设计、采购和施工任务综合的承包（简称EPC承包）等，它们的项目管理都属于建设项目总承包方的项目管理。

1.2 施工项目管理的基本知识

1.2.1 建设工程阶段与建设工程项目分类

1. 建设工程项目的全寿命周期包括项目的决策、实施和使用三个阶段。项目的实施阶段包括设计前的准备阶段、设计阶段、施工阶段、动用前准备阶段和保修阶段。

2. 建设工程的实施过程按工作内容分类，大体上经过勘察、设计和施工三个阶段。

（1）建设工程勘察，是指根据建设工程的要求，查明、分析、评价建设场地的地质地理环境特征和岩土工程条件，编制建设工程勘察文件的活动。

（2）建设工程设计，是指根据建设工程的要求，对建设工程所需的技术、经济、资源、环境等条件进行综合分析、论证，编制建设工程设计文件的活动。

（3）建设工程施工，是指根据建设工程设计文件的要求，对建设工程进行新建、扩建、改建的活动。

3. 建设工程项目的分类

（1）根据《建造师执业资格考试实施办法》（人事部、建设部2004年2月19日国人部发［2004］16号文）将建设工程分为：房屋建筑工程、公路工程、铁路工程、民航机场工程、港口与航道工程、水利水电工程、电力工程、矿山工程、冶炼工程、石油化工工程、市政公用工程、通信与广电工程、机械安装工程和装饰装修工程 14 个专业类别。

(2) 按子项目的组成划分。大中型工程项目通常由若干单项工程构成,每个单项工程包括多个单位工程,每个单位工程又由若干个分部工程组成,每个分部工程又分为多个分项工程。

1.2.2 施工项目及施工项目管理的概念

1. 施工项目是指企业自工程施工投标开始到保修期满为止的全过程中完成的项目。施工项目是建筑企业完成的项目,它可能是以建设项目为过程的产出物,也可能是产出其中的一个单项工程或单位工程。过程的起点是投标,终点是保修期满。施工项目除了具有一般项目的特征外,还具有自己的特征:

(1) 它是建设项目或其中的单项工程、单位工程的施工活动过程;

(2) 以建筑企业为管理主体;

(3) 项目的任务范围是由施工合同界定;

(4) 产品具有多样性、固定性、体积庞大的特点。

只有单位工程、单项工程和建设项目的施工活动过程才称得上施工项目,因为它们才是建筑企业的最终产品。由于分部工程、分项工程不是建筑企业的最终产品,故其活动过程不能称作施工项目,而是施工项目的组成部分。

2. 施工项目管理指企业运用系统的观点、理论和科学技术对施工项目进行的计划、组织、指挥、监督、控制、协调等全过程管理。

1.2.3 施工项目管理的目标和任务

1. 施工方作为项目建设的一个参与方,其项目管理主要服务于项目的整体利益和施工方本身的利益。其项目管理的目标包括施工的成本目标、施工的进度目标和施工的质量目标。

2. 施工方的项目管理工作主要在施工阶段进行,但它也涉及设计准备阶段、设计阶段、动用前准备阶段和保修期。在工程实践中,设计阶段和施工阶段往往是交叉的,因此,施工方的项目管理工作也涉及到设计阶段。

3. 施工项目管理的任务包括:
(1) 施工安全管理;
(2) 施工成本控制;
(3) 施工进度控制;
(4) 施工质量控制;
(5) 施工合同管理;
(6) 施工信息管理;
(7) 与施工有关的组织与协调。

4. 施工方是承担施工任务的单位的总称谓,它可能是施工总承包方、施工总承包管理方、分包施工方、建设项目总承包的施工任务执行方或仅仅提供施工的劳务。施工方担任的角色不同,其项目管理的任务和工作重点也会有差异。

5. 施工总承包方(GC-General Contractor)对所承包的建设工程承担施工任务的执行和组织的总的责任,它的主要管理任务如下:

(1) 负责整个工程的施工安全、施工总进度控制、施工质量控制和施工的组织等。

(2) 控制施工的成本(这是施工总承包方内部的管理任务)。

(3) 施工总承包方是工程施工的总执行者和总组织者,它除了完成自己承担的施工任务以外,还负责组织和指挥它自行分包的分包施工单位和业主指定的分包施工单位的施工(业主指定的分包施工单位有可能与业主单独签订合同,也可能与施工总承包方签约,不论采用何种合同模式,施工总承包方应负责组织和管理业主指定的分包施工单位的施工,这也是国际的惯例),并为分包施工单位提供和创造必要的施工条件。

(4) 负责施工资源的供应组织。

(5) 代表施工方与业主方、设计方、工程监理方等外部单位进行必要的联系和协调等。

6. 施工总承包管理方（MC - Managing Contractor）对所承包的建设工程承担施工任务组织的总的责任，它的主要特征如下：

（1）一般情况下，施工总承包管理方不承担施工任务，它主要进行施工的总体管理和协调。如果施工总承包管理方通过投标（在平等条件下竞标），获得一部分施工任务，则它也可参与施工。

（2）一般情况下，施工总承包管理方不与分包方和供货方直接签订施工合同，这些合同都由业主方直接签订。但若施工总承包管理方应业主方的要求，协助业主参与施工的招标和发包工作，其参与的工作深度由业主方决定。业主方也可能要求施工总承包管理方负责整个施工的招标和发包工作。

（3）不论是业主方选定的分包方，或经业主授权由施工总承包管理方选定的分包方，施工总承包管理方都承担对其的组织和管理责任。

（4）施工总承包管理方和施工总承包方承担相同的管理任务和责任，即负责整个工程的施工安全、施工总进度控制、施工质量控制和施工的组织等。因此，由业主方选定的分包方应经施工总承包管理方的认可，否则它难以承担对工程管理的总的责任。

（5）负责组织和指挥分包施工单位的施工，并为分包施工单位提供和创造必要的施工条件。

（6）与业主方、设计方、工程监理方等外部单位进行必要的联系和协调等。

7. 分包施工方承担合同所规定的分包施工任务，以及相应的项目管理任务。若采用施工总承包或施工总承包管理模式，分包方（不论是一般的分包方，或由业主指定的分包方）必须接受施工总承包方或施工总承包管理方的工作指令，服从其总体的项目管理。

8. 工程总承包和工程项目管理是国际通行的工程建设项目

组织实施方式。积极推行工程总承包和工程项目管理，是深化我国工程建设项目组织实施方式改革，提高工程建设管理水平，保证工程质量和投资效益，规范建筑市场秩序的重要措施；是勘察、设计、施工、监理企业调整经营结构，增强综合实力，加快与国际工程承包和管理方式接轨，适应社会主义市场经济发展和加入世界贸易组织后新形势的必然要求；是贯彻党的十六大关于"走出去"的发展战略，积极开拓国际承包市场，带动我国技术、机电设备及工程材料的出口，促进劳务输出，提高我国企业国际竞争力的有效途径。

9. 建设工程项目总承包的基本出发点是借鉴工业生产组织的经验，实现建设生产过程的组织集成化，以克服由于设计与施工的分离致使投资增加，以及克服由于设计和施工的不协调而影响建设进度等弊病。

10. 建设工程项目总承包的主要意义并不在于总价包干，也不是"交钥匙"，其核心是通过设计与施工过程的组织集成，促进设计与施工的紧密结合，以达到为项目建设增值的目的。即使采用总价包干的方式，稍大一些的项目也难以用固定总价包干，而多数采用变动总价合同。

1.2.4 施工项目管理过程

根据施工项目的寿命周期，施工项目管理过程可分为投标签约、施工准备、施工、竣工验收和售后服务五个阶段。各阶段的主要工作内容如下：

1. 投标签约阶段

（1）建筑施工企业从经营战略的高度出发作出是否投标争取承包该项目的决策。

（2）决定投标以后，从多方面（企业自身、相关单位、市场、现场等）获取大量信息。

（3）编制既能使企业盈利，又有竞争力可望中标的投标书。

（4）如果中标，则与招标方进行合同谈判，依法签订工程承包合同，使合同符合国家法律、法规的要求，符合平等互利、等价有偿的原则。

2. 施工准备阶段

（1）施工企业聘任项目经理，实行项目经理责任制。

（2）设立项目经理部，根据施工项目的规模、结构复杂程度、专业特点、人员素质和地域范围确定项目经理部的组织形式及人力资源配置。

（3）制订施工项目管理规划，以指导施工项目管理活动。

（4）编制质量计划和施工组织设计，用以指导施工准备和施工。

（5）进行施工现场准备，使现场具备施工条件，有利于进行文明施工。

（6）编写开工申请报告，待批开工。

3. 施工阶段

（1）按项目管理实施计划和施工组织设计进行项目管理并组织施工。

（2）进行项目目标动态控制，通过组织措施、管理措施、经济措施和技术措施等环节，保证实现项目的质量目标、进度目标、成本目标、安全管理目标和文明施工管理目标等预期目标。

（3）加强项目现场管理、合同管理、信息管理、生产要素管理和项目组织协调。

（4）及时做好记录，科学收集、整理施工质量技术资料及安全管理资料。

4. 竣工验收阶段

（1）在整个施工项目已按设计要求全部完成，通过试运转，且预验结果符合工程项目竣工验收标准的前提下组织竣工验收。

（2）通过竣工验收的项目，应办理竣工结算及工程移交手续。

5. 售后服务阶段

（1）为保证工程正常使用进行必要的技术咨询和服务。

(2) 进行工程回访,听取使用单位和社会公众的意见,总结经验教训;调查、观察使用中的问题,进行必要的维护、维修和保修。

1.3 项目管理的内容和方法

1.3.1 施工项目管理的基本原则

1. 项目管理是承包人履行施工合同的过程,也是承包人实现项目目标的过程。施工项目管理要发挥企业技术和管理的整体优势,组织企业管理层和项目管理层各个层面参与项目管理活动,做到全过程管理。特别要防止"以包代管"的错误倾向。

2. 项目管理的每一过程,都应体现 PDCA 循环的原理,体现持续改进。

计划 Plan,指明确管理目标,制定行动方案;必要时,应对实现预期管理目标的可行性、有效性和经济合理性进行分析论证。

实施 Do,包括计划行动方案的交底和按计划规定的部署、方法与要求展开工程项目作业技术活动两个环节。

检查 Check,指对计划实施过程进行的各种检查,包括作业者的自检,互检和专职管理者专检。检查包含两个方面:一是活动的实际结果;二是编制计划时所假定的条件有无变化,是否严格执行了计划的行动方案。

处理 Action,对检查所发现的问题或偏差,分析原因,采取必要的措施,予以纠正。处理分为纠偏和预防两个步骤,其目的是总结经验教训,反馈信息,供以后的管理循环参考借鉴,形成管理的不断循环和持续改进过程。

3. 项目管理应体现管理的规律,企业应利用制度保证项目管理按规定程序运行。企业通过内部管理体制改革和转换经营机制,逐步建立和健全以项目经理责任制为核心的各项管理制度,如项目经理聘任制度、项目成本核算制度、项目采购与分包管理制度、项目管理实施规划认证与审批制度、项目管理考核评价制度等,以推进项目管理有序进行。

4. 项目经理部在制定项目管理实施计划时,必须认真研究和领会"监理规划"和"监理实施细则"的要求,并根据施工合同及有关法规判别这些要求的正确性,接受并配合监理工作。

1.3.2 施工项目管理的内容

施工项目管理的内容取决于项目管理的目的、对象和手段,包括如下内容:

1. 目标管理:通过进度控制、质量控制、安全控制与成本控制,实现预期的工期、质量、安全和成本目标。

2. 管理对象:进行生产要素(人力资源、材料、机械设备、技术和资金)管理,实现生产要素的优化配置及动态控制。

3. 管理手段:包括管理规划(例如"项目管理规划大纲"和"项目管理实施规划")、合同管理、信息管理、项目现场管理、组织协调、竣工验收、回访保修和项目考核评价等。

1.3.3 施工项目管理方法的应用步骤

施工项目管理方法的应用必须结合当前施工现代化管理的要求,一般包括下列六个相互衔接的步骤:

1. 研究管理任务,明确其专项要求和管理方法应用目的。

2. 调查进行该项管理所处的环境,以便对选择管理方法提供决策依据。

3. 选择适用、可行的管理方法。选择的方法,应专业对路;实现任务目标,要条件允许。

4. 对所选方法在应用中可能遇到的问题进行分析,找出关键,制定保证措施。

5. 在实施选用方法的过程中加强动态控制,解决矛盾,使之产生实效。

6. 在应用过程结束之后,进行总结,以提高管理方法的应用水平。

1.4 施工资源管理

1.4.1 施工资源管理的概念

1. 在项目管理中资源是为完成项目而需要的投入,它包括人力资源(如管理人员和工人)、物资资源(如材料、成品、半成品、设备和设施等)以及财力资源(如资金)。有的参考文献把时间也作为资源。

2. 在项目管理中资源管理是一个专门的术语,也是完成项目的一项重要的管理任务。项目管理中的资源管理与企业管理中的资源管理是两个不同的概念。后者指的是企业的人事管理(或称其为人力资源管理)、材料管理、设备管理和财务管理等,是把企业作为一个系统,针对企业的生产或经营所涉及的资源的管理,它属于企业管理的范畴。

3. 项目管理中的资源管理的内容是:

(1) 确定资源的选择(包括所需资源的类型、品种和标准的选择,以及确定所需资源的数量);

(2) 确定资源的分配计划(包括所需资源在时间上和项目的组成部分中的分配);

(3) 编制资源进度计划(在考虑每一个工序或每一项工作所需要的资源,资源供应的可能性和资源需求的均衡性等的前提下编制的项目实施的进度计划)。

4. 资源进度计划有三种类型:

(1) 力求资源需求均衡的资源进度计划(以资源需求的均衡为前提条件,编制进度计划),在一般情况下,重点考虑主导资源;

(2) 符合工期约束条件的资源进度计划(当工期要求是确

定的，则编制满足工期约束条件的进度计划）；

（3）符合资源供应约束条件的资源进度计划（当资源供应是有限的，则编制满足资源供应约束条件的进度计划），在一般情况下，重点考虑主导资源。

资源进度计划的理论在 20 世纪 60 年代初已形成，并逐步在发展，上述三种类型的资源进度计划都有严谨的数学模型和算法。

5. 施工资源管理有两种类型：施工企业的施工资源管理，以及一个施工项目的施工资源管理，后者属项目管理中资源管理的范畴。

6. 施工项目的施工资源管理的目的是，通过施工资源的合理配置（合理选择、合理分配、合理供应和使用），为项目目标的实现提供资源保证。

1.4.2 施工项目施工资源管理的任务

1. 一个项目的施工资源包含所有参与和配合该项目施工的所有单位将投入的资源，它包括：

（1）人力资源，如不同单位和不同管理层次的管理人员，各单位将参与施工的工人；

（2）物资资源，如建筑材料、半成品、构配件、施工设备、施工设施（道路、桥梁、供水和供电设施、施工生产和办公以及生活设施等）等；

（3）财力资源，如建设单位将支付的资金（相应的时间）、施工企业可能投入的自有资金（相应的时间）、可能获得的借贷资金（相应的时间）等。

2. 施工资源管理任务中"确定资源的选择"包括下述工作：

（1）确定项目所需的管理人员和各工种的工人的数量；

（2）确定项目所需的各种物资资源的品种、类型、规格和相应的数量，以及确定对各种施工设施定量的需求；

（3）确定项目所需的各种来源的资金的数量。

3. 施工资源管理任务中"确定资源的分配计划"包括下述工作：

（1）编制人员需求分配计划（明确各种人员的需求在时间上的分配，以及在相应的子项目或工程部位上的分配）；

（2）编制物资需求分配计划（明确各种物资需求在时间上的分配，以及在相应的子项目或工程部位上的分配）；

（3）编制施工设施需求分配计划（明确各种设施的需求在时间上的分配，以及在相应子项目或相应的工程部位上的分配）；

（4）编制资金需求分配计划（明确各种资金需求在时间上的分配，以及在相应的子项目或相应的工程部位上的分配）。

4. 施工资源管理任务中"编制资源进度计划"，应视项目的特点和施工资源供应的条件而确定编制哪种资源进度计划。合理地考虑施工资源的运用编制进度计划，将有利于提高施工质量、降低施工成本和加快施工进度。

5. 施工项目施工资源管理不能仅停留于确定和编制上述计划，在施工开始前和在施工过程中应落实和执行所编的有关资源管理的计划，并视需要对其进行动态的调整。

6. 由于人力资源是最重要的资源，应通过人力资源管理调动所有项目参与人的积极性，在项目承担组织的内部和外部建立有效的工作机制，以实现项目目标。人力资源管理的任务包括：

（1）编制组织和人力资源规划；

（2）组织项目管理班子人员的获取；

（3）管理项目管理班子的成员；

（4）团队建设。

1.5 市政基础设施工程的范围和特点

1.5.1 市政基础设施工程的范围

市政基础设施工程，是指城市范围内道路、桥梁、广场、隧道、公共交通、排水、供水、供气、供热、污水处理、垃圾处理处置等工程。

1.5.2 市政基础设施工程的特点

市政公用工程或称市政基础设施工程，是城市基础设施建设工程的重要组成部分，它除了具有建设工程项目的特点之外，还具有以下的特点：

1. 综合性：市政公用工程常常由多个专业工程交错综合施工，一个单位工程中，不仅包括多个市政公用工程的子单位工程，还包括电力工程、通信与广电工程、机电安装工程、装饰装修工程等子单位工程。

2. 交错性：市政公用工程具有旧工程（建筑物、构筑物）拆移、新工程同时建设的特点，且施工过程中多个专业工程交错作业。

3. 环境性：

（1）施工与城市交通、市民生活相互干扰；

（2）施工环境影响因素多，施工过程必须注意对地下管线和周边环境的保护、监测和监控；

（3）施工工期较短，以减少扰民、减少对社会的干扰；

（4）施工用地紧张，用地狭小。

4. 流动性：市政公用工程施工流动性大，施工范围多为狭长形线面施工。

2 施工准备阶段的管理工作

2.1 施工组织设计

2.1.1 施工组织设计的涵义和作用

施工组织设计又称为施工设计,是开工前拟定的、组织施工的、全局性的技术经济文件,是施工全面管理的指导文件。施工组织设计是为了科学地、合理地组织施工,从时间、空间和实力(人力、物力、财力)多方面综合规划、全面平衡,提出施工的目标、方向、措施和方法。包括拟定和绘制施工总平面图;确定工程的施工程序、条件、方法和工期;安排各个时期所需的材料、施工机械设备和劳动力,制定施工计划;拟定企业各项质量与效益指标及落实措施等。施工单位在施工之前,必须编制施工组织设计;大中型的工程应根据施工组织总设计编制分部位、分阶段的施工组织设计。

2.1.2 施工组织设计的特点

施工组织设计是较普遍采用的施工质量计划文件,其特点在于能较强地反映施工质量控制的层次性、技术性、包容性和可操作性。

1. 层次性是指施工组织设计文件,分为施工组织总设计、单位工程施工组织设计和主要分部分项工程施工组织设计。
2. 技术性是指各类施工组织设计文件的编制都以施工技术方案为核心,把质量控制的技术能力放在首要的位置,并辅以周密的组织管理措施。

3. 包容性指施工组织设计的内容，除技术方案外还涉及到施工进度计划、施工现场的机械、材料、道路、水电、临时设施的合理布置和动态管理等方面所进行的通盘考虑，体现了全面质量管理的思想。

4. 可操作性是指施工组织设计文件为现场施工指明了实际运作的程序和具体方法。

5. 施工组织设计根据工程的范围和编制的时间不同，内容和深度要求也不同。

对施工承包单位而言，在工程投标阶段一般编制施工组织设计大纲或施工方案，其范围由招标文件中的发包范围来界定，内容和深度取决于施工条件的明确程度和承包商的经验与分析判断能力，目的在于适应投标竞争，获得中标承包权；在工程开工前所进行的施工组织设计，是投标阶段施工组织设计（或施工组织设计大纲或施工方案）的进一步深化，其范围由施工合同界定，内容和深度要求，应能满足指导现场施工，进行施工管理的质量、工期、成本和安全目标控制的需要。

2.2 施工图设计会审、技术交底和开工条件

2.2.1 施工图设计会审

工程开工前，施工图设计文件必须报经施工图设计文件审查机构审查，再由建设单位组织有关单位（设计、施工、监理等单位）对施工图设计文件进行会审，并按单位工程填写施工图设计文件会审记录。

施工图设计文件未经会审不得进行施工，其会审的内容主要如下：

1. 施工图设计是否符合国家有关的技术标准、规范，是否经济合理。

2. 施工图设计是否符合施工技术装备条件；如需要采取特殊技术措施时，技术上有无困难，能否保证安全施工和工程质量。

3. 有无特殊材料（含新材料）要求的品种、规格、数量等，且是否满足需要。

4. 工程结构与安装之间有无重大矛盾。

5. 施工图设计及说明是否齐全，清楚，明确。

6. 施工图设计所示的结构尺寸、标高、坐标、管线与实际地形地貌、原有构筑物、道路等是否相阻碍等。

2.2.2 设计交底

在项目施工前，建设单位应当按施工程序或需要组织设计单位、施工单位、监理单位等进行设计交底。设计交底应包括设计依据、设计要点、补充说明、注意事项等，并做交底记录。

2.2.3 施工技术交底

1. 施工技术交底是项目技术负责人把设计要求与施工技术要求逐层详细地交待、逐级贯彻的过程。技术交底的目的是为了使各级施工人员对工程及技术要求做到心中有数，以便严密地组织施工；按合理的工序、科学的工艺进行作业。技术交底应分级进行，应适时、细致和齐全。

2. 施工单位应在施工前进行施工技术交底。施工技术交底包括施工组织设计交底和工序施工交底。施工技术交底包括工程各部位、工序（特别是关键部位、重点工序）、特殊（复杂）结构、新材料、新工艺、新技术的交底。

2.2.4 单位工程的开工条件和暂停施工

1. 单位工程开工必须具备的条件：

（1）已发出工程中标通知书和签署工程施工合同。

（2）施工图设计文件必须经过施工图审查机构审查（国务院令279号、293号，建设部令134号）。

(3) 施工组织设计（或施工方案）已经编制和审批，且进行技术交底。

(4) 现场"三通一平"及工、料、机、临设等已经满足施工要求。施工场内外交通，施工用水、用电，排水能满足施工要求；场内障碍物已基本清除；后勤工作能满足施工和生活需要；设备、材料、机械等已准备好并能满足连续施工需要；劳动力已经调集，并经必要的安全教育和上岗培训。

(5) 施工图经过会审，图纸中存在问题或错误已修正和补充完善。

(6) 已进行设计技术交底工作，建设、监理、施工等各方已清楚设计意图及设计要点和施工中的各关键部位、环节的注意事项等。

(7) 工程控制基准点、基线已办妥交接手续，且经复核符合要求。

(8) 已经办理工程质量监督手续（《质量管理条例》第十三条）。

(9) 已办理施工许可证（建设部令第71号《建筑工程施工许可管理办法》）。

2. 发生下列情况之一时，工程应暂停施工：

(1) 当工程受到不可抗御的自然灾害。

(2) 发生重大的安全、质量事故需停工进行调查处理。

(3) 当政府一些重大决策需要工程停工，或建设单位资金不足需停工。

(4) 其他原因需要停工的。

2.3 施工依据及施工制约因素

2.3.1 施工依据

1. 施工依据是表明施工单位所进行的特定建筑产品生产的

任务来源、工程数量和质量要求、工期要求和工程的投资或成本目标等。明确施工依据是确定施工质量目标和实施施工质量控制的前提，也是建筑行业生产特点和建筑产品特殊交易方式所决定的基本要求。全面把握施工依据是施工单位正确理解业主需求的体现。

2. 施工依据可以分为施工总体依据和施工操作依据。施工总体依据是某项特定建筑产品的生产依据，主要来自以下几方面：

（1）建设工程计划立项及其审批文件；

（2）工程招投标文件和施工合同；

（3）工程地质勘察报告及工程场地地下管线布置图；

（4）工程设计文件及其图纸交底与会审文件、设计变更通知与变更指令；

（5）工程施工许可证；

（6）工程施工组织设计；

（7）相关的建设法律、法规文件及其强制性条文；

（8）相关专业所采用的技术标准、规范和施工规程等。

3. 施工操作依据是施工总体依据的具体化，表现为各专业工程的施工设计、作业计划；工法、施工操作规程；施工作业指导书、要领书；标准图集、大样图等多种形式。

2.3.2 施工的制约因素

1. 施工制约因素主要包括工期目标、质量目标、投资或成本目标及环境因素。

2. 投资目标控制是业主方、设计方和建设工程项目总承包方项目管理的内容，成本目标控制是施工方和供货方项目管理的内容。

3. 环境因素包括：

（1）社会环境，指工程项目所在地的政治、经济、地理环境和人文环境等；

(2) 自然环境，指工程项目所在地的气象、岩土地质、水文、周边建筑、地下管线及其他不可抗力的因素。

(3) 施工现场环境，指施工企业自身创设的施工现场的作业环境。

2.4 项目经理责任制

2.4.1 施工企业项目经理责任制的基本要求

1. 项目经理责任制是指以项目经理为责任主体的施工项目管理目标责任制度。项目经理责任制的制度构成包括：项目经理部在企业中的管理定位；项目经理应具备的条件；项目经理部的管理运作机制；项目经理责任、权限和利益定位；项目管理目标责任书的内容构成等。企业应在"项目管理制度"中对以上各项予以规定。

施工企业在进行施工项目管理时，应实行项目经理责任制。

2. 企业应处理好企业管理层、项目管理层和劳务作业层的关系，并应在"项目管理目标责任书"中明确项目经理的责任、权力和利益。

项目管理目标责任书应根据企业的项目管理制度、施工合同及经营管理目标的要求制定，明确规定项目经理部应达到的成本、质量、进度、安全和文明施工等控制目标。

3. 企业管理层的管理活动应符合下列规定：

（1）企业管理层应制定和健全施工项目管理制度，规范项目管理。

（2）企业管理层应加强计划管理，保持资源的合理分布和有序流动，并为项目生产要素的优化配置和动态管理服务。

（3）企业管理层应对项目管理层的工作进行全过程指导、监督和检查。

4. 项目管理层是企业在施工现场进行项目管理的组织，要做好资源的优化配置和动态管理,服从企业管理层的指导、监督、检查和调控。

5. 劳务作业层包括项目所使用的企业自有的劳务人员和施工企业外部的施工队伍。他们都以分包人地位与项目管理层建立劳务分包关系。企业管理层与劳务作业层应签订劳务分包合同。项目管理层与劳务作业层应建立共同履行劳务分包合同的关系。

6. 施工企业管理层与劳务作业层的分离,旨在为创造一种组织系统分开、管理职责分开、经济核算与利益分开的格局。为项目的资源优化配置和动态管理创造条件。

2.4.2 施工企业项目经理的工作性质

1. 2003年2月27日《国务院关于取消第二批行政审批项目和改变一批行政审批项目管理方式的决定》(国发[2003]5号)规定"取消建筑施工企业项目经理资质核准,由注册建造师代替,并设立过渡期"。

2. 建筑企业项目经理资质管理制度向建造师执业资格制度过渡的时间定为五年,即从国发[2003]5号文印发之日至2008年2月27日止。过渡期内,凡持有项目经理资质证书或者建造师注册证书的人员,经其所在企业聘用后均可担任工程项目施工的项目经理。过渡期满后,大、中型工程项目施工的项目经理必须由取得建造师注册证书的人员担任;但取得建造师注册证书的人员是否担任工程项目施工的项目经理,由企业自主决定。

3. 在全面实施建造师执业资格制度后仍然要坚持落实项目经理岗位责任制。项目经理岗位是保证工程项目建设质量、安全、工期的重要岗位。

4. 建筑施工企业项目经理(简称项目经理),是指受企业法定代表人委托对工程项目施工过程全面负责的项目管理者,是建筑施工企业法定代表人在承包的建设工程项目上的委托代理人。

5. 建造师是一种专业人士的名称,而项目经理是一个工作岗位的名称,应注意这两个概念的区别和关系。取得建造师执业资格的人员表示其知识和能力符合建造师执业的要求，但其在企业中的工作岗位则由企业视工作需要和安排而定。

6. 施工企业项目经理的地位和作用，以及其特征如下：

（1）项目经理是企业任命的一个项目的项目管理班子的负责人（领导人），但它并不一定是（多数不是）一个企业法定代表人在工程项目上的代表人，因为一个企业法定代表人在工程项目上的代表人在法律上赋予其的权限范围太大；

（2）他的任务权限于支持项目管理工作，其主要任务是项目目标的控制和组织协调；

（3）项目经理不是一个技术岗位，也不是"技术职称"，更不是"执业资格"，而是一个管理岗位；

（4）他是一个组织系统中的管理者，至于他是否有人权、财权和物资采购权等管理权限，则由其上级确定。

2.4.3 施工企业项目经理的任务和权限

项目经理应根据企业法定代表人授权的范围、时间和内容，对施工项目自开工准备至竣工验收，实施全过程、全面管理。

1. 项目经理在承担工程项目施工管理过程中，履行下列职责：

（1）贯彻执行国家和工程所在地政府的有关法律、法规和政策，执行企业的各项管理制度；

（2）严格财务制度，加强财经管理，正确处理国家、企业与个人的利益关系；

（3）执行项目承包合同中由项目经理负责履行的各项条款；

（4）对工程项目施工进行有效控制，执行有关技术规范和标准，积极推广应用新技术，确保工程质量和工期，实现安全、文明施工，努力提高经济效益。

2. 项目经理在承担工程项目施工的管理过程中，应当按照建筑施工企业与建设单位签订的工程承包合同，与本企业法定代表人签订项目承包合同，并在企业法定代表人授权范围内，行使以下管理权力：

（1）组织项目管理班子；

（2）参与施工项目投标，以企业法定代表人的代表身份处理与所承担的工程项目有关的外部关系，受委托签署有关合同；

（3）指挥工程项目建设的生产经营活动，调配并管理进入工程项目的人力、资金、物资、机械设备等生产要素；

（4）选择施工作业队伍；

（5）进行合理的经济分配；

（6）企业法定代表人授予的其他管理权力。

3. 施工企业项目经理是一个施工项目施工方的总组织者、总协调者和总指挥者，他所承担的管理任务不仅依靠项目经理部的管理人员来完成，还依靠整个企业各职能管理部门的指导、协作、配合和支持。项目经理不仅要考虑项目的利益，还应服从企业的整体利益。

企业是工程管理的一个大系统，项目经理部则是其中的一个子系统，过分地强调子系统的独立性是不合理的，对企业的整体经营也是不利的。

4. 项目经理的任务包括项目的行政管理和项目管理两个方面，其在项目管理方面的主要任务是：施工安全管理、施工成本控制、施工进度控制、施工质量控制、工程合同管理、工程信息管理、工程组织与协调等。

5. 项目经理必须取得"建筑工程施工项目经理资格证书"。

6. 项目经理应接受企业法定代表人的领导，接受企业管理层、发包人和监理机构的检查与监督；施工项目从开工到竣工，企业不得随意撤换项目经理；施工项目发生重大安全、质量事故或项目经理违法、违纪时，企业可撤换项目经理。

7. 项目经理只宜担任一个施工项目的管理工作，当其负责管理的施工项目临近竣工阶段且经建设单位的同意，可以兼任另一项工程的项目管理工作。

2.5 项目经理部

2.5.1 项目经理部的性质

1. 项目经理部是在项目经理组建并领导下的施工项目管理组织机构，负责施工项目从开工到竣工全过程管理工作，也是履行施工合同的主体机构。项目经理部作为项目管理组织，具有计划、组织、控制、指挥、协调等职能并且是一次性的组织，随着项目的开工而组建，随着项目的完工而解体。

2. 设立施工项目经理部应考虑项目的规模、特点及复杂程度。大中型建设项目必须在施工现场设立项目经理部，并根据目标控制和管理的需要设立专业职能部门。小型项目一般也应设立项目经理部，但应简化；如果企业法定代表人决定由其他项目经理部监管也可以不单独设立项目经理部，但委托监管应征得项目发包人的同意，并不得削弱监管者的项目管理责任。

3. 项目经理部是项目经理的工作班子，直接受项目经理的领导；同时又接受企业职能部门的业务指导和管理服务，包括监督、检查和考核。

2.5.2 项目经理部的设立

1. 项目经理部应按下列步骤设立：
（1）根据企业批准的"项目管理规划大纲"，确定项目经理部的管理任务和组织形式。
（2）确定项目经理部的层次，设立职能部门与工作岗位。
（3）确定人员、职责、权限。
（4）由项目经理根据"项目管理目标责任书"进行目标分解。
（5）组织有关人员制定规章制度和目标责任考核、奖惩制度。

2. 项目经理部经过企业法定代表人批准正式成立后，应以书面文件通知发包人和总监理工程师。

3. 项目经理部的组织形式应根据施工项目的规模、结构复杂程度、专业特点、人员素质和地域范围确定。

（1）设置矩阵式项目经理部的大中型项目，一般是指群体建筑、线型工程、需要划分子项竣工系统或按区段组织施工管理的建设项目或单项工程。

（2）远离企业管理层的大中型项目宜按事业部式项目管理组织设置项目经理部。事业部式管理组织有以下特点：项目经理部在企业内部相当于职能部门，对外具有独立经济能力；有利于延伸企业的经营职能；能迅速适应环境的变化；当企业在一个地区有长期市场或一个企业有多种专业施工能力时适用。

（3）小型项目宜按直线职能式项目管理组织设置项目经理部。

4. 项目经理部的规章制度应包括下列各项：

（1）项目管理人员岗位责任制度。

（2）项目技术管理制度。

（3）项目质量管理制度。

（4）项目安全管理制度。

（5）项目计划、统计与进度管理制度。

（6）项目成本核算制度。

（7）项目材料、机械设备管理制度。

（8）项目现场管理制度。

（9）项目分配与奖励制度。

（10）项目例会及施工日志制度。

（11）项目分包及劳务管理制度。

（12）项目组织协调制度。

（13）项目信息管理制度。

5. 项目经理部根据实际需要自行制定的管理制度与企业的有关规定不一致或发生冲突时，应及时报送企业的专业主管部门，由承包人根据实际内容，在明确适用条件、范围和时间后，作为例外情况批准执行。

2.5.3 项目经理部的运行

1. 项目经理应组织项目经理部成员学习项目的规章制度，检查执行情况和效果，并应根据反馈信息改进管理。

2. 项目经理部的管理岗位设置，要贯彻因事设岗、有岗就有责任和目标要求的原则，明确各岗位的责、权、利和考核标准。

3. 项目经理部对分包人的作业技术活动有权进行指导、帮助和检查；分包人应按项目经理部的要求，通过自主作业管理，正确履行分包合同。

4. 项目经理部解体应具备下列条件：

（1）工程已经竣工验收。

（2）与各分包单位已经结算完毕。

（3）已协助企业管理层与发包人签订了"工程质量保修书"。

（4）"项目管理目标责任书"已经履行完成，经企业管理层审计合格。

（5）已与企业管理层办理了有关手续。

（6）现场最后清理完毕。

3 施工质量控制

3.1 建设工程项目质量的涵义

3.1.1 质量的定义

国家标准 GB/T19000—2000 给出质量的定义是："一组固有特性满足要求的程度"，与 GB/T6583—1994（ISO8402—1994）定义的质量是"反映实体满足明确和隐含需要的能力的特征的总和"相比：

1. 没有将质量限定于产品、过程、服务，以及它们的组合，而是泛指一切可以单独描述的事物。它可以是活动或过程，可以是产品，也可以是组织、体系或人，以及上述各项的任何组合。

2. 定义中的"特性"，是指事物可以区分的特征。固有特性是指事物本来就有的，尤其是永久的特性。

3. 定义中的"要求"，既可以是明确表述出来的，也可以是隐含的。满足要求，就是应满足明确规定的和隐含的需要和期望。

4. 质量是对顾客需要的反映，而顾客需要的表述常常是感性的、不明晰的，为了满足顾客需要的质量得以实现，就必须把顾客表述的需要用理性的、明晰的、技术的语言表述出来，这就是质量特性。

世界著名质量管理专家、美国的朱兰博士认为：质量即适用性。他强调质量不能仅从标准的角度出发，只看产品或服务是否符合标准的规定，而是要从顾客出发，看产品或服务是否满足顾客的需要及其满足的程度，这是对传统的质量概念的突破，影响十分深远。

3.1.2 建设工程质量的含义

1. 建设工程质量是指反映建设工程满足相关标准规定和合同约定的要求，包括在安全、使用功能及其在耐久性能、环境保护等方面所有明显和隐含需要的能力的特性的总和。

2. 建设工程项目从本质上说是一项拟建的建筑产品，它和一般产品具有同样的质量内涵，即满足明确和隐含需要的能力的特性之总和。其中明确的需要是指法律法规、技术标准和合同等所规定的要求，隐含的需要是指法律法规或技术标准尚未做出明确规定，然而随着经济发展、科技进步及人们消费观念的变化，客观上已存在的某些需求。因此建筑产品的质量也就需要通过市场和营销活动加以识别，以不断进行质量的持续改进。其社会需求是否得到满足或满足的程度如何，必须用一系列定量或定性的特性指标来描述和评价，这就是通常意义上的产品适用性、可靠性、安全性、经济性以及环境的适宜性等。

3.1.3 质量控制的概念

1. 质量控制是 GB/T19000—2000 主要质量术语之一，质量控制是质量管理的一部分，是致力于满足质量要求的一系列相关活动。

2. 按照 GB/T19000—2000 质量术语的定义，质量管理是指确立质量方针及实施质量方针的全部职能及工作内容，并对其工作效果进行评价和改进的一系列工作。质量控制和质量管理构成了有机的整体，两者的区别在于，质量控制是在明确的质量方针和目标指导下，通过对具体作业技术和管理活动的计划、实施检查和监督，致力于实现预期质量目标的过程。

3. 质量控制所致力的一系列活动，从根本上说可以归结为作业技术活动和管理活动。作业技术是产出产品质量或服务质量的直接手段，或者说产品或服务质量是作业技术活动的直接结果。然而，在社会化大生产的条件下，尤其建设工程施工生产是在多方主体、多专业工种共同参与下进行单件建筑产品的一次性生产过程，并不是只要具备了作业技术能力，都一定会产出合格的产品质量，其中很重要的方面是需要通过科学的管理，来组织和协调作业技术活动的过程，以充分发挥其质量形成能力，才能实现预期的质量目标。

4. 由于建设工程项目是由业主（或投资者、项目法人）提出明确的需求，然后再通过一次性承发包生产，即在特定的地点建造特定的项目。因此工程项目的质量总目标，是业主建设意图通过项目策划，包括项目的定义及建设规模、系统构成、使用功能和价值、规格档次标准等的定位策划和目标决策来提出的。工程项目质量控制，包括勘察设计、招标投标、施工安装、竣工验收各阶段，均应围绕着致力于满足业主要求的质量总目标而展开。

3.2 质量管理体系和质量保证体系

3.2.1 企业质量管理体系的建立和运行

1. 2000 版 GB/T1900 质量管理体系标准是我国按等同原则，从 2000 版 ISO 9000 族国际标准转化而成的质量管理体系标准。

2. 质量管理的八项原则

质量管理八项原则是 2000 版 ISO 9000 族的编制基础，其具体内容是：

（1）以顾客为关注焦点；

（2）领导作用；

（3）全员参与；

（4）过程方法；

(5) 管理的系统方法；
(6) 持续改进；
(7) 基于事实的决策方法；
(8) 与供方互利的关系。

3. 质量管理体系的建立是企业按照八项质量管理原则，在确定市场及顾客需求的前提下，制定企业的质量方针、质量目标、质量手册、程序文件及质量记录等体系文件，确定企业在生产（或服务）全过程的作业内容、程序要求和工作标准，并将质量目标分解落实到相关层次、相关岗位的职能和职责中，形成企业质量管理体系执行系统的一系列工作。质量管理体系的建立还包含着组织不同层次的员工培训，使体系工作和执行要求为员工所了解，为形成全员参与的企业质量管理体系的运行创造条件。

4. 质量管理体系的建立需识别并提供实现质量目标和持续改进所需的资源，包括人员、基础设施、环境、信息等。

5. 质量管理体系的运行是在生产及服务的全过程按质量管理体系文件制定的程序、标准、工作要求及目标分解的岗位职责进行操作运行。

6. 在质量管理体系运行的过程中，按各类体系文件的要求，监视、测量和分析过程的有效性和效率，做好文件规定的质量记录，持续收集、记录并分析过程的数据和信息，全面体现产品的质量和过程符合要求及可追溯的效果。

7. 按文件规定的办法进行管理评审和考核；过程运行的评审考核工作，应针对发现的主要问题，采取必要的改进措施，使这些过程达到所策划的结果和实现对过程的持续改进。

8. 落实质量体系的内部审核程序，有组织有计划开展内部质量审核活动，其主要目的是：评价质量管理程序执行情况及适用性；揭露过程中存在的问题，为质量改进提供依据；建立质量体系运行机制和向外部审核单位提供体系运行有效的证据。

为确保系统内部审核的效果，企业领导应进行决策领导，制定审核政策、计划,组织内审人员队伍,落实内部审核,并对审核发现的问题采取纠正措施和提供人财物等方面的支持。

3.2.2 质量管理体系文件的构成

1. 编制和使用质量体系文件本身是一项具有动态管理要求的活动。因为质量体系的建立、健全要从编制完善体系文件开始。质量体系的运行、审核与改进都是依据文件的规定进行,质量管理实施的结果也要形成文件,作为证实产品质量符合规定要求及质量体系有效的证据。

2. 企业应具有完整和科学的质量体系文件。质量管理体系文件一般由以下内容构成:

(1) 形成文件的质量方针和质量目标;

(2) 质量手册;

(3) 质量管理标准所要求的各种生产、工作和管理的程序性文件;

(4) 质量管理标准所要求的质量记录。

以上各类文件的详略程度无统一规定,以适于企业使用,使过程受控为准则。

3. 质量方针和质量目标

一般都以简明的文字来表述,是企业质量管理的方向目标,应反映用户及社会对工程质量的要求及企业相应的质量水平和服务承诺,也是企业质量经营理念的反映。

4. 质量手册

质量手册是规定企业组织建立质量管理体系的文件,质量手册对企业质量体系作系统、完整和概要的描述,其内容一般包括:企业的质量方针、质量目标;组织机构及质量职责;体系要素或基本控制程序;质量手册的评审、修改和控制的管理办法。

质量手册作为企业质量管理系统的纲领性文件应具备指令性、系统性、协调性、先进性、可行性和可检查性。

5. 程序文件

质量体系程序文件是质量手册的支持性文件，是企业各职能部门为落实质量手册要求而规定的细则，企业为落实质量管理工作而建立的各项管理标准、规章制度都属程序文件范畴。各企业程序文件的内容及其详略程度可视企业情况而定。各企业都应在程序文件中制订下列六个程序：

（1）文件控制程序；
（2）质量记录管理程序；
（3）内部审核程序；
（4）不合格品控制程序；
（5）纠正措施控制程序；
（6）预防措施控制程序。

除以上六个程序以外，涉及产品质量形成过程各环节控制的程序文件，如：生产过程、服务过程、管理过程、监督过程等管理程序，不作统一规定，可视企业质量控制的需要而制订。

为确保过程的有效运行和控制，在程序文件的指导下，尚可按管理需要编制相关文件，如：作业指导书、具体工程的质量计划等。

6. 质量记录

质量记录是产品质量水平和质量体系中各项质量活动过程及结果的客观反映。对质量体系程序文件规定的运行过程及控制测量检查的内容如实加以记录，用以证明产品质量达到合同要求及质量保证的满足程度。如在控制体系中出现偏差，则质量记录不仅须反映偏差情况，而且应反映出针对不足之处所采取的纠正措施及纠正效果。

质量记录应反映质量活动实施、验证和评审的情况，并记载关键活动的过程参数，具有可追溯性的特点。质量记录以规定的形式和程序进行，并有实施、验证、审核等签署意见。

3.2.3 质量管理体系的认证与监督

1. 质量管理体系的认证的意义

质量认证制度是由公正的第三方认证机构对企业的产品及质量体系做出正确可靠的评价，从而使社会对企业的产品建立信心。

2. 质量管理体系的申报及批准程序

（1）申请和受理；

（2）审核：认证机构派出审核组对申请方质量体系进行检查和评定；

（3）审批和注册发证。

3. 获准认证后的维持与监督管理

企业获准认证的有效期为三年。企业获准认证后，应通过经常性的内部审核，维持质量管理体系的有效性，并接受认证机构对企业质量体系实施监督。获准认证后的质量管理体系的维持与监督的内容包括：企业通报、监督检查、认证注销、认证暂停、认证撤销、复评和重新换证。

3.2.4 施工质量保证体系的建立和运行

1. 施工质量保证体系是我国工程施工实践中形成的习惯用语，专指现场施工管理组织的施工质量自控系统或管理系统，即施工单位为实施承建工程的施工质量管理和目标控制，以现场施工管理组织架构为基础，通过质量管理目标的确定和分解，所需人员和资源的配置，以及施工质量管理相关制度的建立和运行，形成具有质量控制和质量保证能力的工作系统。

2. 施工质量保证体系的建立是以现场施工管理组织机构（如施工项目经理部）为主体，根据施工单位质量管理体系和业主或总承包方的工程项目质量控制总体系统的有关规定和要求而建立的。

3. 施工质量保证体系的运行

（1）施工质量保证体系的运行，应以质量计划为龙头，过程管理为重心，按照PDCA循环原理展开。

（2）施工质量保证体系的运行，应按照事前、事中和事后控制相结合的模式依次展开。

(3) 施工质量保证体系的运行,应实施全面、全过程和全员参与的"三全控制管理"。

3.3 施工质量控制的基本要求

3.3.1 施工质量控制的原则

1. 项目的质量控制必须按照 2000 版 GB/T19000 族标准和企业质量管理体系的要求进行,施工中的质量控制是合同履行中的重要环节。一般在施工合同中关于质量的承诺包括:施工中使用的国家标准、规定;材料设备供应的质量控制;工程验收的质量控制,保修的责任和范围。

2. 项目质量管理,应坚持"质量第一,预防为主"的方针和"计划、执行、检查、处理"循环,即 PDCA 循环的工作方法,不断改进过程控制,做到质量持续改进。所谓"持续改进",即"增强满足要求的能力的循环活动。""计划、执行、检查、处理"循环体现了管理的循环原理和信息反馈原理。

项目质量必须满足工程施工质量验收标准和发包人的要求。发包人的要求主要体现在合同中,但也有隐含的要求,承包人也应满足。

3.3.2 施工质量控制因素

影响工程质量的因素主要有人、材料、机械、方法和环境(4M1E),因此,事先应对这 5 个因素给予严格控制。

1. 对人的控制应注意加强教育培训,提高人的管理水平、技术水平和操作水平,防止违纪违章及错误行为产生。

2. 材料质量是工程质量的基础,只有材料质量符合要求,工程质量才有可能符合标准。材料质量控制包括材料采购质量、运输质量、储存质量及使用质量。

3. 对施工机械设备的控制，应着重从机械设备选型、主要性能参数确定和操作三方面予以控制。

4. 对方法的控制是指项目施工期间所采用的技术方案、工艺流程、组织措施、检验手段等的控制。

5. 对环境因素控制主要有：工程技术环境，如工程地质、气象、水文等；工程管理环境，如质量管理体系、质量管理制度等；劳动环境，如劳动条件、劳动工具、劳动组合等。

3.3.3 施工质量控制的实施

1. 项目质量控制必须实行样板制。施工过程均应按要求进行自检、互检和交接检。隐蔽工程、指定部位和分项工程未经检验或已经检验定为不合格的，严禁转入下道工序。

所有施工过程完成后，首先应由操作者按规定及标准自检，然后由班组成员互相检验对方的工作和结果。上一道工序与下一道工序之间、施工班组之间、相关专业施工队之间、不同的承包人之间应进行检查验收。

2. 分项工程完成后，必须经监理工程师检验和认可。

3. 项目经理应建立项目质量责任制和考核评价办法。项目经理应对项目质量控制负责。过程质量控制应由每一道工序和岗位的负责人负责。

4. 项目经理部建立的项目质量责任制应明确规定项目领导和全体管理人员的质量责任及从事各项质量管理活动人员的责任和权限。还必须有相应的监督考核评价体系并与项目管理责任挂钩。项目质量控制是一种过程性、纠偏性和把关性的质量控制，只有将质量责任落实到每一道工序和岗位，才能实现项目质量目标。

5. 实行总分包的施工项目，承包人应对全部项目的施工质量和质量保修前的工作向发包人负责。提供分包服务的单位，必须具备相应的工程施工承包和施工管理的能力，对分包工程质量向承包人负责。承包人对分包人的施工质量向发包人承担连带责任。

6. 分包人应接受承包人的质量管理。

3.3.4 质量控制程序

1. 确定项目质量目标。
2. 编制项目质量计划。
3. 实施项目质量计划，包括施工准备阶段、施工阶段和竣工验收阶段的质量控制。

3.3.5 工程项目各参与方施工质量控制的目标

1. 施工质量控制的总体目标是贯彻执行建设工程质量法规和强制性标准，正确配置施工生产要素和采用科学管理的方法，实现工程项目预期的使用功能和质量标准。这是建设工程项目参与各方的共同责任。

2. 建设单位的质量控制目标是通过施工全过程的全面质量监督管理、协调和决策，保证竣工项目达到投资决策所确定的质量标准。

3. 设计单位在施工阶段的质量控制目标，是通过对施工阶段相关工序或过程的验收签证、设计变更控制及纠正施工中所发现的设计问题，采纳变更设计的合理化建议等，保证竣工项目的各项施工结果与设计文件（包括变更文件）所规定的标准相一致。

4. 施工单位的质量控制目标是通过施工全过程的全面质量自控，保证交付满足施工合同及设计文件所规定的质量标准（含工程质量创优要求）的建设工程产品。

5. 监理单位在施工阶段的质量控制目标是，通过审核施工质量文件、报表及现场旁站检查、平行检测、施工指令和结算支付控制等手段的应用，监控施工承包单位的质量活动行为，协调施工关系，正确履行工程质量的监督责任，以保证工程质量达到施工合同和设计文件所规定的质量标准。

3.3.6 工程项目建设各方施工质量控制的职能

1. 施工质量控制过程既有施工承包方的质量控制职能，也有业主方、设计方、监理方、供应方及政府的工程质量监督部门的控制职能，他们具有各自不同的行为、责任和作用。

（1）自控主体　施工承包方和供应方在施工阶段是质量自控主体，他们不能因为监控主体的存在和监控责任的实施而减轻或免除其质量责任。

（2）监控主体　业主、监理、设计单位及政府的工程质量监督部门，在施工阶段依据法律和合同对自控主体的质量行为和效果实施监督控制。

（3）自控主体和监控主体在施工全过程相互依存、各司其职，共同推动着施工质量控制过程的发展和最终工程质量目标的实现。

2. 施工方作为工程施工质量的自控主体，既要遵循本企业质量管理体系的要求，也要根据其在所承建工程项目质量控制系统中的地位和责任，通过具体项目质量计划的编制与实施，有效地实现自主控制的目标。一般情况下，对施工承包企业而言，无论工程项目的功能类型、结构型式及复杂程度存在着怎样的差异，其施工质量控制过程都可归纳为以下相互作用的八个环节：

（1）工程调研和项目承接：全面了解工程情况和特点，掌握承包合同中工程质量控制的合同条件；

（2）施工准备：图纸会审、施工组织设计、施工力量及施工设备的配置等；

（3）材料采购；

（4）施工作业；

（5）实验与检验；

（6）工程功能检验；

（7）竣工验收；

（8）质量回访及保修。

3.4 施工质量计划

3.4.1 质量计划的含义

1. 按照 GB/T19000 质量管理体系标准,质量计划是质量管理体系文件的组成内容。在合同环境下质量计划是企业向顾客表明质量管理方针、目标及其具体实现的方式、手段和措施,体现企业对质量责任的承诺和实施的具体步骤。
2. 项目质量是通过质量计划的实施所开展的质量保障活动达到的,而不是通过事后的质量检查得到的。项目质量管理是从对项目质量计划安排开始的,是通过对项目质量计划的实施实现的。因此,项目经理应主持编制项目质量计划。项目质量计划审批权限和程序均按企业质量管理体系文件规定办理。

3.4.2 质量计划的编制和审批

1. 质量计划的编制应符合下列规定
（1）应由项目经理主持编制项目质量计划。
（2）质量计划应体现从工序、分项工程、分部工程到单位工程的过程控制,且应体现从资源投入到完成工程质量最终检验和试验的全过程控制。
（3）质量计划应成为对外质量保证和对内质量控制的依据。
2. 质量计划应包括下列内容:
（1）编制依据;
（2）项目概况;
（3）质量目标;
（4）组织机构;
（5）质量控制及管理组织协调的系统描述;
（6）必要的质量控制手段,施工过程、服务、检验和试验程序等;

(7) 确定关键工序和特殊过程及作业的指导书；
(8) 与施工阶段相适应的检验、试验、测量、验证要求；
(9) 更改和完善质量计划的程序。

3. 施工质量控制点的设置是施工质量计划的重要组成内容。

(1) 质量控制点是施工质量控制的重点，凡属关键技术、重要部位、控制难度大、影响大、经验欠缺的施工内容以及新材料、新技术、新工艺、新设备等，均可列为质量控制点，实施重点控制。

(2) 施工质量控制点设置的具体方法是，根据工程项目施工管理的基本程序，结合项目特点，在制定项目总体质量计划后，列出各基本施工过程对局部和总体质量水平有显著影响的项目，作为具体实施的质量控制点。如：桥梁施工质量管理中，可列出桩基础、工程测量、预应力张拉、大体积混凝土施工及有关分项工程中必须进行重点控制的专题等，作为质量控制重点。又如：在工程功能检测的控制程序中，可设立建筑物防雷检测、消防系统调试检测、通风设备系统调试等专项质量控制点。

(3) 通过质量控制点的设定，质量控制的目标及工作重点就能更加明晰。加强事前控制的方向也就更加明确。事前控制包括明确控制目标参数、制定实施规程（包括施工操作规程及检测评定标准）、确定检查项目数量及跟踪检查或批量检查方法、明确检查结果的判断标准及信息反馈要求。

(4) 施工质量控制点的管理是动态的，一般情况下在工程开工前、设计交底和图纸会审时，可确定一批整个项目的质量控制点，随着工程的展开、施工条件的变化，随时或定期进行控制点范围的调整和更新，始终保持重点跟踪的控制状态。

4. 在我国建筑行业，施工质量计划的方式，目前尚无统一的规定。常见的有三种，即：

(1) 按 GB/T19000—2000 质量管理体系标准的要求，直接采用《施工质量计划》文件方式；

(2) 沿用传统形成的《工程施工组织设计》文件方式；

(3) 结合施工项目管理的要求，质量计划包含在《施工项目管理实施规划》中。

5. 施工质量计划编制完毕，应经过企业技术负责人审核批准，并按施工承包合同的约定提交工程监理或建设单位批准确认后执行。

3.4.3 质量计划的实施

1. 施工质量计划是施工质量的全面控制措施，其作用有两大方面，一是为现场施工管理组织的全面全过程施工质量控制提供依据；二是向发包方证实施工单位质量承诺的具体实现步骤和措施，获得发包人和相关方的信任，并成为发包方实施质量监督的依据。

2. 施工质量计划控制的重要性，在于它明确了具体的质量目标，制定了行动方案和管理措施，规范了现场施工组织内部的质量活动行为，保证了质量形成的技术能力，奠定了各项施工技术作业活动的一次成活、一次检验合格的基础。

3. 项目质量控制是通过对项目质量计划的实施实现的。

在实施过程中要注意两点：

(1) 质量计划所涉及的范围是项目的全过程，对工序、分项工程、分部工程、单位工程全过程的质量控制，必须以质量计划为依据。项目的各级质量管理人员必须按照分工，对影响工程质量的各环节进行严格的控制，并按规定保存好质量记录、质量审核、用于分析项目质量的图表等。

(2) 一旦发生质量缺陷或事故，按质量事故处理程序，停止有质量缺陷部位和与其有关联的部位及下道工序的施工，尽快进行质量事故的调查，正确判断事故原因，研究确定事故处理方案，实施处理方案，分清质量责任。

3.4.4 质量计划的验证

在执行项目质量计划的过程中，要对整个项目质量计划执行情况进行验证。

1. 由项目技术负责人定期组织质检人员和内部质量审核员验证质量计划的实施效果，即对实施结果与质量要求和控制标准进行对照，从而发现质量问题及隐患，并采取项目质量纠偏措施，使项目质量保持在受控状态。项目质量验证方法可分为自检、互检、交接检、预检、隐检等。每次验证应做出记录，并给予保存。

2. 对重复出现的不合格和质量问题，不仅要分析原因、采取措施、给予纠正，而且要追究责任人所承担的责任，并依据验证评价结果进行处罚。

3.5 施工准备阶段的质量控制

3.5.1 施工准备阶段工作的分类

由于建筑产品生产的单件性和生产过程组织管理的一次性，做好充分的施工准备，对于施工过程的顺利展开并有效控制施工管理目标，有其重要的现实意义。施工准备按其性质分类有：

1. 工程项目开工前的全面施工准备；
2. 各分部分项工程施工前的施工准备；
3. 冬、雨季等季节性施工准备。

3.5.2 施工准备阶段质量控制的内容

1. 施工在合同签订后，应及时将合同副本交给项目经理部。项目经理部应索取设计图纸和技术资料，指定专人管理并公布有效文件清单。设计图纸和技术说明书等设计文件是质量控制的重要依据，也要及时交给项目经理部。

2. 工程测量控制是事前质量控制的一项基础工作，它也是施工准备阶段的一项重要内容，因此要做好基准点、基准线、标高、施工测量控制网复核、复测工作并记录下来。复核、复测中发现问题及时与设计人员协商处理。

3. 设计图纸是施工单位进行质量控制的重要依据。为了在施工前能发现和减少图纸的差错，能事先消灭图纸中的质量隐患，在项目质量计划编制前，由项目技术负责人主持图纸审核工作。审核出图纸中存在的问题后，应与设计人和发包人进行讨论、协商解决，并写出会议纪要。

4. 为了确保分包工程及所采购的物资符合规定的要求，项目经理必须使分包工程和采购工作处于受控状态，并有计划地进行。为此，应评价和选择合格的分包人和供应人，主要是评价他们的质量保证能力。对评价为合格的分包人和供应人，应建立档案，作为选用、采购的依据。

5. 人员素质对质量管理体系的有效运行起着极其重要的作用。加强全体施工人员质量意识和劳动技能，是搞好质量工作的最根本保证。项目经理部应制定各类人员的培训计划，加强质量知识、专业知识、管理知识和技能的教育和培训。

3.6 施工阶段的质量控制

施工过程质量控制是指工程开工之后，进入全面施工阶段的质量控制，包括土建工程和设备安装工程中所有分部分项工程的施工作业过程（或工序）的质量控制。如果说，施工质量控制为合格工程质量创造了必要的条件和前提，那么，施工过程的质量控制则是工程质量生产（或形成）的关键环节，而且具有量大、面广、交错、互动的特点，必须充分重视和应用长期施工实践所形成的许多行之有效的控制途径和方法进行过程控制。

3.6.1 技术交底

1. 施工技术交底必须在图纸会审基础上，在单位工程或分部、分项工程施工前进行。凡由项目经理部编制的施工组织设计，由项目经理部主管工程师向参加施工的技术负责人和项目有关技术人员进行交底，交底后将主管工程师签署的技术交底文件交给子项目技术负责人作为指导施工的技术依据。子项目技术负责人在施工前根据施工进度，按部位和操作项目向工长及班组长进行技术交底。

2. 在施工过程中，项目技术负责人对发包人或监理工程师提出的有关施工方案、技术措施及设计变更的要求，应在执行前向执行人员进行书面技术交底。

3.6.2 工程测量

1. 在项目开工前应编制测量控制方案，经项目技术负责人批准后方可实施，测量记录应归档保存。

2. 在施工过程中应对测量点线妥善保护，严禁擅自移动。

3.6.3 施工生产要素控制

1. 施工生产要素控制的意义

施工生产要素通常是指人、材料、机械、技术（或施工方法）、环境和资金。其中资金是其他生产要素配置的条件。因此，施工管理的基本思路是通过施工生产要素的合理配置、优化组合和动态管理，以最经济合理的施工方案，在规定的工期内完成质量合格的施工任务，并获得预期的施工经营效益。由此可见，施工生产要素不仅影响工程质量，而且与施工管理其他目标的实现也有很大关系。

2. 施工人员资格控制

人是施工生产的主体，包括参与施工的各类作业人员和管理人员，他们的质量意识、生产技能、文化素养、生理体能、心理行为等方面的个体素质，以及经过合理组织充分发挥其潜在能力的群体素质状况，直接关系到施工质量的形成和控制。因此，施工企业应通过择优录用、加强思想教育及技能方面的教育培训；合理组织、严格考核，并辅以必要的激励机制，使施工人员的潜在能力得到最好的组合和充分的发挥。从而保证他们在质量控制过程发挥生产主体的自控作用。

施工总包企业必须选派有资格、有能力的施工项目经理和管理人员，承担领导和组织施工管理的任务，并对分包商的资质和施工人员的资格进行考核，严格执行规定工种持证上岗制度。

3. 材料物资及机械设备质量控制

（1）原材料、半成品、构配件、工程用品、设备等施工材料物资，是施工生产过程的劳动对象，构成工程产品的物质实体，其质量是工程实体质量的组成部分。《建筑工程施工质量验收统一标准》（GB50300—2001）规定"建筑工程采用的主要材料、半成品、成品、建筑构配件、器具和设备应进行现场验收。凡涉及安全、功能的有关产品，应按各专业工程质量验收规范规定进行复验，并应经监理工程师（建设单位技术负责人）检查认可"。

因此，在施工作业之前必须对进场的材料物资进行严格的检查验收，做好使用前的质量把关和控制工作，保证投入使用的材料物资质量符合规定标准的要求，其主要内容包括：

控制材料设备性能、标准与设计文件的相符性；

控制材料设备各项技术性能指标、检验测试指标与标准要求的相符性；

控制材料设备进场验收程序及质量文件资料的齐全程度等；

控制不合格材料、设备的处理程序。不合格材料设备必须进行记录、标识，及时清退处理或指定专管，以防用错；不合格品不得用于工程。

已建立质量管理体系的施工企业，施工现场材料设备质量控制，应按照质量体系文件规定，贯彻执行封样、采购、进场检验、抽样检测及质保资料提交等一系列明确规定的控制标准。

（2）材料的质量控制应符合下列规定：

项目经理部应在质量计划确定的合格材料供应人名录中按计划招标采购材料、半成品和构配件。

材料的搬运和贮存应按搬运储存规定进行，并应建立台账。

项目经理部应对材料、半成品、构配件进行标识。

未经检验和已经检验为不合格的材料、半成品、构配件和工程设备等，不得投入使用。

对发包人提供的材料、半成品、构配件、工程设备和检验设备等，必须按规定进行检验和验收。

监理工程师应对承包人自行采购的物资进行验证。

（3）机械设备的质量控制应符合下列规定：

应按设备进场计划进行施工设备的调配；

现场的施工机械应满足施工需要；

应对机械设备操作人员的资格进行确认，无证或资格不符合者，严禁上岗。

（4）计量人员应按规定控制计量器具的使用、保管、维修和检验，计量器具应符合有关规定。

4. 施工技术方法控制

施工现场质量管理应有相应的施工技术标准及施工技术方法。施工技术方法是实施施工技术标准的具体手段，包含施工技术方案、施工工艺和操作方法。施工技术方案是工程施工组织设计或质量计划的核心内容，必须在施工准备阶段编审完成。在施工总体技术方案确定的前提下，各分部分项施工展开之前还必须结合具体施工条件进一步深化和进行具体操作方法的详细交底。尤其是在总包、分包的情况下，总体施工方案由总包方制定，分包方负责具体实施，因此，总包还必须对分包进行施工总体方案的交底，使分包方正确理解并掌握具体的施工工艺和操作方法。

3.6.4 工序控制与特殊过程控制

1. 工序控制应符合下列规定：

（1）施工作业人员应按规定经考核后持证上岗。

（2）施工管理人员及作业人员应按操作规程、作业指导书和技术交底文件进行施工。

（3）工序的检验和试验应符合过程检验和试验的规定，对查出的质量缺陷应按不合格控制程序及时处置。

(4) 施工管理人员应记录工序施工情况。

2. 特殊过程控制应符合下列规定：

(1) 对在项目质量计划中界定的特殊过程，应设置工序质量控制点进行控制。

(2) 对特殊过程的控制，除应执行一般过程控制的规定外，还应由专业技术人员编制专门的作业指导书，经项目技术负责人审批后执行。

3.6.5 工程变更及成品保护

1. 工程变更可能来自承包人、发包人或设计人，对工程变更应严格执行工程变更程序，经有关单位批准后方可实施。

2. 建设产品或半成品应采取有效措施妥善保护。成品保护主要有护、包、盖、封四种措施。"护"是针对保护对象的特点采取各种防护措施；"包"是将被保护对象包裹起来，防止损伤或污染；"盖"是用表面覆盖的办法，防止阻塞或损伤；"封"是采取局部封闭的办法进行保护。

3.7 施工过程质量控制的方法

3.7.1 施工质量检验的主要方法

1. 自我检验，简称"自检"，即作业组织和作业人员的自我质量检验。这种检验包括随做随检和一批作业任务完成、提交验收前的全面自检。随做随检可以使质量偏差及时得到纠正，持续改进和调整作业方法，保证工序质量始终处于受控状态。全面自检可以保证检验批施工质量的一次交验合格。

2. 跟踪检查，指设置施工质量控制点，指定专人所进行的相关施工质量跟踪检查。

3. 检查施工依据，即检查是否严格按质量计划的要求和相关的技术标准进行施工；有无擅自改变施工方法，粗制滥造降低质量标准的情况。

4. 施工质量检验的内容是检查施工结果，即检查已完施工的成果是否符合规定的质量标准。

3.7.2 施工质量检测试验

1. 检测试验简称"测试"，是施工质量控制的重要手段，也是贯彻执行建设法律法规强制性条文的重要内容。工程检测试验必须委托有相应资质的检测机构、试验机构进行，所提供的检测、试验报告应具有法律效力。

2. 常见的工程施工检测试验有：桩基础、桥梁承载力的静载和动载试验检测；基础及结构物沉降检测；大体积混凝土施工的温控检测；建筑材料物理力学性能的试验检测；砂浆、混凝土试块的强度检测；供水、供气、供油管道的承压试验检测；涉及结构安全使用功能的重要分部工程的抽样检测；室内装饰装修的环境和空气质量检测等。

3. 工程施工质量检测试验必须贯彻执行国家有关见证取样送检的规定。

3.7.3 隐蔽工程施工验收

1. 凡被后续施工所覆盖的分项分部工程，称之为隐蔽工程，如基础工程、钢筋混凝土中的钢筋工程、预埋管道工程等。因隐蔽工程在项目竣工时不易被检查，为确保工程质量，隐蔽工程施工过程应及时进行质量检查，并在其施工结果被覆盖前做好隐蔽工程验收，办理验收签证手续。

2. 隐蔽工程的施工质量验收应按规定的程序和要求进行，即施工单位必须先进行自检，包括施工班组自检和专业质量管理人员的检查，自检合格后，开具"隐蔽工程验收单"，提前24h或按合同规定通知驻场监理工程师按时到场进行全面质量检查，并共同验收签证。必要时或合同有规定时应按同样的时间要求，提前约请工程设计单位参与验收。

3. 隐蔽工程验收是施工质量验收的一种特定方式，其验收的范围、内容和合格质量标准，应严格执行 GB50300—2001 有关检验批、分项分部工程的质量验收标准。特别应保证验收单的验收范围与内容和实际查验的范围与内容相一致；检查不合格需要整改纠偏的内容，必须在整改纠偏后，经重新查验合格，才能进行验收签证。

4. 对于基础工程的隐蔽验收，应根据政府工程质量监督部门的质量监督要求，约请监督人员实施全面核查核验，经批准认可后才能隐蔽覆盖，进行后续主体结构工程施工。

3.7.4 施工技术复核

1. 由于建设工程产品的多样性和单件性生产，所以，在很多场合下施工技术工作带有很强的针对性和专项性特点，对工程施工质量控制起着决定性的作用。所谓施工技术复核是指，对用于指导施工或提供施工依据的技术数据、参数、样本等的复查核实工作，其目的在于保证技术基准的正确性。如工程测量定位、工程轴线及高程引测点的设置、混凝土及砌筑砂浆配合比、建筑结构节点大样图、结构件加工图等等。

2. 施工技术复核必须以施工技术标准、施工规范和设计规定为依据，从源头保证技术基准的正确性。通过相关的复测、计算、核实等复核过程来认定技术工作结果的正确性或揭示其所存在的差错。

3. 施工技术复核必须贯彻技术工作责任制度，担任技术复核的人员必须具备相应的技术资格和业务能力。凡涉及施工技术复核内容的单据表式均应设置技术操作人、复核人和技术负责人签名专栏，全面复核技术工作的过程和结果，并对该结果负责。

4. 凡涉及工程施工主要技术标准、影响施工总体质量的技术复核内容，以及按照施工监理细则要求，必须报监理工程师核准的技术复核项目，施工单位必须按规定报送，获准后才能作为施工依据。

3.7.5 施工计量管理

1. 从工程质量控制的角度，施工计量管理主要是指施工现场的投料计量和施工测量、检验的计量管理。它是有效控制工程质量的基础工作，计量失真和失控，不但会造成工程质量隐患，而且也造成经济损失。

2. 工程施工计量管理，均应按照计量工作的法制性、统一性、准确性等规定要求进行，增强计量意识、法制观念和监督机制。已经建立质量管理体系的施工企业，现场施工应严格按照企业有关计量检测管理的程序性文件和要求实施计量管理。

3. 施工计量管理，一是正确选择各种计量器具、仪器仪表，并做好经常性的维护保养和定期校准工作，保证计量器具的精度和灵敏度，防止因计量器具失真失控、计量误差超标造成工程质量隐患；二是加强计量工作责任制，建立计量管理制度，做到专人管理计量器具，严格执行计量操作程序和规程，规范计量记录等，以保证各项计量的准确性。

4. 施工现场常用的计量器具有：全站仪、经纬仪、水准仪、测距仪、钢卷尺、托线板、靠尺、锲形塞尺、台秤、回弹仪等。

3.7.6 施工例会和 QC 小组活动

1. 施工例会是施工过程沟通信息、协调关系的常用手段，对解决施工质量、进度、成本、职业健康安全和环境管理目标控制过程的各种矛盾和问题，有十分重要的作用。施工例会通常有定期例会和不定期例会。

定期例会是一种周期性的固定时间、规定出席范围的会议方式；不定期例会是指根据管理需要，确定一项专门的会种、不定期地召开的会议，以解决管理过程的工作任务部署、信息沟通、协同配合问题，其会议的主题、开会时间、参会人员等都根据实际需要专项确定。

2. 做好各类例会的事前计划和准备，是使会议获得事半功倍效果的重要工作。会前计划和准备工作的内容，一般有：

（1）确定会议的时间、地点；

（2）明确会议的主题（中心）和开会程序；

（3）会议的主持人、记录人；

（4）会议的主发言人及其发言时间，以及需要讨论或审议的议题；

（5）会议需要准备和分发的文件资料；

（6）需要与会者准备和携带的文件资料，其中分为必备必带的资料和酌情准备的资料；

（7）会议的通知、联络方式和承办人，报名或签到安排；

（8）会场所需的文具、演讲设施；

（9）会议中间的休息和生活安排。

3. 由于工程管理涉及多方参与主体，施工例会既要本着相互平等、尊重、自主的原则，也要采取分清责任是非、尊重科学管理、提倡诚信自律的严肃方针。要避免施工例会的无准备、无主题、无目的、无休止、无结论状况，只有这样才能达到提高管理效率，保持协同工作，控制管理目标的目的。

4. 根据全面质量管理的思想，质量管理小组（QC 小组）的活动，是全面全员全过程质量控制的有效方式或手段。QC 小组活动的程序是根据工程管理需要，从所设置的质量控制点中选择活动课题，通过学习、研讨、取经等途径，依靠 QC 小组的团队智慧去解决质量管理中的重点和难点问题，不断提高质量管理水平和控制能力。QC 小组活动的组织，应贯彻因事而建、动态管理和"小、实、活、新"的原则。根据实际需要和条件，可以组织多个不同性质、面向不同对象的 QC 小组，使施工质量控制保持良好的专业性、针对性和群众性基础。

3.7.7 施工质量不合格的处理

1. 在正确合理的工程设计的前提下，建设工程质量不合格，概括说有两类情况，即投入的施工生产要素质量不合格和作业质量不合格，它们分别或共同导致工程产品质量不合格。因此，在严格控制投入施工的生产要素质量的同时，严格控制施工技术作业活动过程的质量形成，是保证工程质量的最直接的控制过程。

2. 施工生产要素直接构成工程实体的劳动对象，即原材料、构配件、工程用品、设备及部件等，其不合格的原因，可能会追溯到采购、运输、保管、用前加工、领料错误等环节。应通过加强材料物资的进场验收、保管、做好记录和标识，对不合格品及时清退处理，不得用于工程，这是保证施工质量的前提。对材料物资进行质量控制不仅是材料物资管理人员的责任，而且对于每个作业者，尤其是作业组织负责人，都有责任在使用前对有关材料的品种、规格、性能、质量标准及有效期进行鉴别和确认。

3. 施工作业质量不合格包含工序操作质量不合格及已完施工产品质量检验不合格两层意思。工序操作不合格的原因，可能会追溯到作业者的质量意识差、作业方法不当、作业能力低下以及管理和检查不到位，甚至已完施工产品保护不当等，这些情况通常也称为质量问题。质量问题往往发生在作业组织内部，影响面小，而且容易在自检的过程中发现，但必须引起高度重视，不要使问题积少成多，以至造成施工质量事故。这类问题一般可采取自我分析原因，自我改善作业，自我纠正偏差的方式解决。

4. 已完施工产品质量检验不合格，通常是在施工质量检查验收中发现，其原因除了工序操作质量不合格以外，还可能由于使用不合格的原材料，甚至不良岩土地质、水文地质等外部环境因素的影响所造成，其质量不合格的处理则应按施工质量验收标准和质量保证体系的管理程序进行处理。

3.8 施工质量的验收

3.8.1 工程质量验收的基本概念

建设工程质量验收是对已完工的工程实体的外观质量及内在

质量按规定程序检查后，确认其是否符合设计及各项验收标准的要求、可交付使用的一个重要环节。正确地进行工程项目质量的检查评定和验收，是保证工程质量的重要手段。

鉴于建设工程施工规模较大，专业分工较多，技术安全要求高等特点，国家相关行政管理部门对各类工程项目的质量验收标准制订了相应的规范，以保证工程验收的质量，工程验收应严格执行规范的要求和标准。

建设工程质量验收分为施工过程质量验收和竣工验收。

3.8.2 施工质量验收的依据

1. 工程施工承包合同

工程施工承包合同所规定的有关施工质量方面的条款，既是发包方所要求的施工质量目标，也是承包方对施工质量责任的明确承诺，理所应当成为施工质量验收的重要依据。

2. 工程施工图纸

由发包方确认并提供的工程施工图纸，以及按规定程序和手续实施变更的设计和施工变更图纸，是工程施工合同文件的组成部分，也是直接指导施工和进行施工质量验收的重要依据。

3. 工程施工质量验收统一标准（简称"统一标准"）

工程施工质量验收统一标准是国家标准，如由建设部和国家质量监督检验检疫总局联合发布的《建筑工程施工质量验收统一标准》（GB50300—2001），规范了全国建筑工程施工质量验收的基本规定、验收的划分、验收的标准以及验收的组织和程序。根据我国现行的工程建设管理体制，国务院各工业交通部门负责对全国专业建设工程质量的监督管理，因此，其相应的专业建设工程施工质量验收统一标准，是各专业工程建设施工质量验收的依据。

4. 专业工程施工质量验收规范（简称"验收规范"）

专业工程施工质量验收规范是在工程施工质量验收统一标准的指导下，结合专业工程的特点和要求进行编制的，它是施工质量验收统一标准的进一步深化和具体化，作为专业工程施工质量验收的依据。"验收规范"和"统一标准"必须配合使用。

5. 建设法律、法规、管理标准和技术标准

现行的建设法律法规、管理标准和相关的技术标准是制定施工质量验收"统一标准"和"验收规范"的依据，而且其中强调了相应的强制性条文。因此，也是组织和指导施工质量验收、评判工程质量责任行为的重要依据。

3.8.3 施工过程质量验收

1. 根据建筑工程施工质量验收统一标准，建设工程质量验收的划分有：检验批、分项工程、分部（子分部）工程、单位（子单位）工程。其中检验批和分项工程是质量验收的基本单元，分部工程是在所含全部分项工程验收的基础上进行验收的，它们是在施工过程中随完工随验收；而单位工程是完整的具有独立使用功能的建筑产品，进行最终的竣工验收。因此，施工过程的质量验收包括：检验批质量验收、分项工程质量验收和分部工程质量验收。

2. 检验批质量验收

所谓检验批是指按同一的生产条件或按规定的方式汇总起来供检验用的，由一定数量样本组成的检验体。检验批可根据施工及质量控制和专业验收需要按楼层、施工段、变形缝等进行划分。

（1）检验批由监理工程师或建设单位项目技术负责人组织施工单位项目专业质量（技术）负责人等进行验收。

（2）检验批合格质量应符合下列规定：主控项目和一般项目的质量经抽样检验合格；具有完整的施工操作依据和质量检查记录。

（3）主控项目是指施工工程中对安全、卫生、环境保护和公众利益起决定性作用的检验项目。因此，主控项目的验收必须从严要求，不允许有不符合要求的检验结果，主控项目的检查具

有否决权。除主控项目以外的检验项目称为一般项目。

3. 分项工程质量验收

（1）分项工程应按主要工种、材料、施工工艺、设备类别等进行划分。分项工程可由一个或若干检验批组成。

（2）分项工程应由监理工程师或建设单位项目技术负责人组织施工单位项目专业质量（技术）负责人进行验收。

（3）分项工程质量验收合格应符合下列规定：分项工程所含的检验批均应符合合格质量的规定；分项工程所含的检验批的质量验收记录应完整。

4. 分部工程质量验收

（1）分部工程的划分应按专业性质、建筑部位确定；当分部工程较大或较复杂时，可按材料种类、施工特点、施工程序、专业系统及类别等分为若干子分部工程。

（2）分部工程应由总监理工程师或建设单位项目负责人组织施工单位项目负责人和技术、质量负责人等进行验收；地基与基础、主体结构分部工程勘察、设计单位工程项目负责人和施工单位技术、质量部门负责人也应参加相关分部工程验收。

（3）分部（子分部）工程质量验收合格应符合下列规定：所含分项工程的质量均应验收合格；质量控制资料应完整；地基与基础、主体结构和设备安装等分部工程有关安全及功能的检验和抽样检测结果应符合有关规定；观感质量验收应符合要求。

由于分部工程所含的各分项工程性质不同，因此它并不是在所含分项验收基础上的简单相加，即所含分项验收合格且质量控制资料完整，只是分部工程质量验收的基本条件，还必须在此基础上对涉及安全和使用功能的地基基础、主体结构、有关安全及重要使用功能的安装分部工程进行见证取样试验或抽样检测，而且需要对其观感质量进行验收，并综合给出质量评价，观感差的检查点应通过返修处理等补救。

5. 施工过程质量验收中，工程质量不符合要求时的处理方法：

（1）经返工重做或更换器具、设备的检验批，应该重新进行验收；

（2）经有资质的检测单位检测鉴定能达到设计要求的检验批，应予以验收；

（3）经有资质的检测单位检测鉴定达不到设计要求，但经原设计单位核算认可能够满足结构安全和使用功能的检验批，可予以验收；

（4）经返修或加固处理的分项、分部工程，虽然改变外形尺寸，但仍能满足安全使用要求，可按技术处理方案和协商文件进行验收；

（5）通过返修或加固后处理仍不能满足安全使用要求的分部工程、单位（子单位）工程，严禁验收。

3.9 竣工阶段的质量控制

3.9.1 竣工阶段质量控制的基本要求

1. 单位工程竣工后，必须进行最终检验和试验。

施工项目"最终检验和试验"是指对单位工程质量进行的验证，是对产品质量的最后把关，是全面考核产品质量是否满足设计要求的重要手段。最终检验和试验提供的资料是产品符合合同要求的证据。单位工程项目技术负责人应按编制竣工资料的要求收集和整理、设备及构件的质量合格证明材料、各种材料的试验检验资料、隐蔽工程记录、施工记录等质量记录。

2. 一个单位工程完成后，由项目的技术负责人组织项目的技术、质量、生产等有关专业技术人员到现场进行检验评定。施工企业自评结束后，送交当地工程建设质量监督部门核定质量等级。质量监督部门根据有关技术标准对工程质量进行监督检查，对单位工程进行质量等级的核定并最后评定。

3. 对查出的施工质量缺陷应予以纠正，并且应在纠正后再次验证以证实其符合性。当在交付或开始使用后发现项目不合格时，应针对不合格所造成的后果采取适当措施。

4. "工程竣工文件"是项目交工验收的重要依据，从施工开始就应完整地积累和保管，编目建档。项目经理部应组织有关专业技术人员按合同要求编制工程竣工文件，并做好工程移交准备。监理工程师审查完项目经理部提交的竣工资料后，认为符合施工合同及有关规定，且准确、完整、真实，即可进行竣工验收资料的签证。

5. 在最终检验和试验合格后，应对建筑产品采取防护措施。

6. 工程交工后，项目经理部应编制符合文明施工和环境保护要求的撤场计划。

3.9.2 建设工程施工质量检查评定验收的基本内容及方法

1. 分部分项工程的抽样检查（包括实测实量，检验试验）；

2. 施工质量保证资料的检查，包括施工全过程的技术质量管理资料，其中以原材料、施工检测、测量复核及功能性试验资料为重点检查内容；

3. 工程外观质量的检查。

3.10 质量持续改进与检查验证

3.10.1 质量持续改进的方法

1. 项目经理部应分析和评价管理现状，识别质量持续改进区域，确定改进目标，实施选定的解决办法。

2. 质量持续改进应坚持全面质量管理的 PDCA 循环方法。随着质量管理循环的不停进行，原有的问题解决了，新的问题又产生了，问题不断产生而又不断被解决，如此循环不止，每一次循环都把质量管理活动推向一个新的高度。另外要坚持"三全"管理："全过程"质量管理指的是在产品质量形成全过程中，把可以影响工程质量的环节和因素控制起来;"全员"质量管理是上至项目经理下至一般员工,全体人员行动起来参加质量管理;"全面质量管理"就是要对项目各方面的工作质量进行管理。这个任务不仅由质量管理部门来承担,而且项目的各部门都要参加。此外,质量持续改进还应该运用先进的管理办法、专业技术和数理统计方法。

3.10.2 对不合格的控制

"不合格"即"未满足要求",项目经理部对不合格控制应符合下列规定:

1. 应按企业的不合格控制程序,控制不合格物资进入项目施工现场,严禁不合格工序未经处置而转入下道工序。

2. 对验证中发现的不合格产品和过程,应按规定进行鉴别、标识、记录、评价、隔离和处置。

3. 应进行不合格评审。

4. 不合格处置应根据不合格严重程度,按返工、返修或让步接收、降级使用、拒收或报废四种情况进行处理。构成等级质量事故的不合格,应按国家法律、行政法规进行处置。

5. 对返修或返工后的产品,应按规定重新进行检验和试验,并应保存记录。

6. 进行不合格让步接收时,项目经理部应向发包人提出书面让步申请,记录不合格程度和返修的情况,双方签字确认让步接收协议和接收标准。

7. 对影响建筑主体结构安全和使用功能的不合格,应邀请发包人代表或监理工程师、设计人,共同确定处理方案,报建设主管部门批准。

8. 检验人员必须按规定保存不合格控制的记录。

3.10.3 纠正措施

1. "纠正措施"是"为消除已发现的不合格或其他不期望

情况的原因所采取的措施"。纠正措施的实施有助于持续改进，因为它可以防止再发生。

2. 纠正措施应符合下列规定：

（1）对发包人或监理工程师、设计人、质量监督部门提出的质量问题，应分析原因，制定纠正措施。

（2）对已发生或潜在的不合格信息，应分析并记录结果。

（3）对检查发现的工程质量问题或不合格报告提及的问题，应由项目技术负责人组织有关人员判定不合格程度，制定纠正措施。

（4）对严重不合格或重大质量事故，必须实施纠正措施。

（5）实施纠正措施的结果应由项目技术负责人验证并记录；对严重不合格或等级质量事故的纠正措施和实施效果应验证，并应报企业管理层。

（6）项目经理部或责任单位应定期评价纠正措施的有效性。

3.10.4 预防措施

1. "预防措施"是"为消除潜在不合格或其他潜在不期望情况的原因所采取的措施"。一个潜在的不合格可以有若干个原因。采取预防措施是为了防止发生。

2. 预防措施应符合下列规定：

（1）项目经理部应定期召开质量分析会，对影响工程质量潜在原因，采取预防措施。

（2）对可能出现的不合格，应制定防止再发生的措施并组织实施。

（3）对质量通病应采取预防措施。

（4）对潜在的严重不合格，应实施预防措施控制程序。

（5）项目经理部应定期评价预防措施的有效性。

3.10.5 检查验证

1. 检查、验证是质量目标控制的重要过程，是 PDCA 循环的"A"。对质量计划的执行情况应检查,验证其实施效果。验证是"通过对客观证据对规定要求已得到满足的认定"。

2. 项目经理部应对项目质量计划执行情况组织检查、内部审核和考核评价,验证实施效果。

3. 项目经理应依据考核中出现的问题、缺陷或不合格,召开有关专业人员参加的质量分析会,并制定整改措施。

3.11 施工质量事故的处理

3.11.1 施工质量事故的分类

1. 施工质量事故按工程状态分类

(1) 在建工程施工质量事故

在建工程施工质量事故是指在施工期间,因某种或几种主观责任过失、客观不可抗力等因素的分别或共同作用,而发生的致使工程质量特性不符合规定标准并造成规定数额以上经济损失,甚至发生在建工程的整体或局部坍塌事件。其原因可能是主观的也可能是客观的,或两者兼而有之;可能是施工本身的原因也可能是工程勘察、设计等施工以外的其他原因;主观及客观因素可能是一种也可能有多种。总而言之,由于是在施工过程中发生的工程建设质量事故,称之为施工质量事故。

(2) 竣工工程施工质量事故

是指已经竣工的工程在使用过程中,出现建筑物、构筑物明显倾斜、偏移、结构开裂、安全和使用功能存在重大隐患;或由于质量低劣需要加固补强,致使改变建筑物外形尺寸,造成永久性缺陷;严重的如工程使用过程中出现建筑物整体或局部倒塌、桥梁断裂、隧道渗水、豆腐渣工程等。这类工程质量事故中,若经查明属于建设过程施工原因所造成的也称为施工质量事故。

2. 施工质量事故按性质后果分类

施工质量事故是工程质量事故或工程建设重大事故的一种类型。因此，目前对施工质量事故按性质后果所进行的分类，实际上是采用工程质量事故或工程建设重大事故的分类标准，即：

(1) 有以下后果之一者，为施工质量事故：

A. 直接经济损失1万元以上（含1万元），不满5万元；

B. 影响使用功能和工程结构安全，造成永久性质量缺陷的。

(2) 有以下后果之一者，为严重施工质量事故：

A. 直接经济损失在5万元（含5万元）以上，不满10万元的；

B. 严重影响使用功能或工程结构安全，存在重大质量隐患的；

C. 事故性质恶劣或造成2人以下重伤的。

(3) 重大施工质量事故是指造成经济损失10万元（含10万元）以上或重伤3人以上或死亡2人以下等后果的质量事故，根据程度的不同又分为四级。

3. 施工质量事故按责任原因分类

(1) 指导责任事故。如施工技术方案未经分析论证，冒然组织施工；材料配方失误；违背施工程序指挥施工等。

(2) 操作责任事故。如工序未执行施工操作规程；无证上岗等。

3.11.2 施工质量事故处理程序

1. 事故报告

施工现场发生质量事故时，施工负责人（项目经理）应按规定的时间和规定的程序，及时向企业报告事故状况，内容包括：

(1) 事故发生的工程名称、部位、时间、地点；

(2) 事故经过及主要状况和后果；

(3) 事故原因的初步分析判断；

(4) 现场已采取的控制事态的措施；

(5) 对企业紧急请求的有关事项等等。

2. 现场保护

当施工过程发生质量事故，尤其是导致土方、结构、施工模板、平台坍塌等安全事故造成人员伤亡时，施工负责人应视事故的具体状况，组织在场人员果断采取应急措施保护现场，救护人员，防止事故扩大。同时做好现场记录、标识、拍照等，为后续的事故调查保留客观真实场景。

3. 事故调查

事故调查是搞清质量事故原因，有效进行技术处理，分清质量事故责任的重要手段，事故调查包括现场施工管理组织的自查和来自企业的技术、质量管理部门的调查；此外根据事故的性质，需要接受政府建设行政主管部门、工程质量监督部门以及检察机关、劳动部门等的调查，现场施工管理组织应积极配合，如实提供情况和资料。

4. 事故处理

（1）事故的技术处理，解决施工质量不合格和缺陷问题；

（2）事故的责任处罚，根据事故性质、损失大小、情节轻重对责任单位和责任人做出行政处分直至追究刑事责任等的不同处罚。

5. 恢复施工

对停工整改、处理质量事故的工程，经过对施工质量的处理过程和处理结果的全面检查验收，并有明确的质量事故处理鉴定意见后，报请工程监理单位批准恢复正常施工。

3.11.3 施工质量事故处理的依据和要求

1. 质量事故处理的依据

（1）施工合同文件；

（2）工程勘察资料及设计文件；

（3）施工质量事故调查报告；

（4）相关建设法律、法规及其强制性条文；

(5) 类似工程质量事故处理的资料和经验。

2. 质量事故处理要求

(1) 搞清原因、稳妥处理。由于施工质量事故的复杂性，必须对事故原因展开深入的调查分析，必要时应委托有资质的工程质量检测单位进行质量检测鉴定或邀请专家咨询论证，只有真正搞清事故原因之后，才能进行有效的处理。

(2) 坚持标准、技术合理。在制订或选择事故技术处理方案时，必须严格坚持工程质量验收标准的要求，做到技术方案切实可行、经济合理。技术处理方案原则上应委托原设计单位提出；施工单位或其他方面提出的处理方案，也应报请原设计单位审核签认后才能采用。

(3) 安全可靠、不留隐患。必须加强施工质量事故处理过程的管理，落实各项技术组织措施，做好过程检查、验收和记录，确保结构安全可靠，不留隐患，功能和外观处理到位、达标。

(4) 验收鉴定、结论明确。施工质量事故处理的结果是否达到预期目的，需要通过检查、验收和必要的检测鉴定，如实测实量、荷载试验、取样试压、仪表检测等方法获得可靠的数据，进行分析判断后对处理结果做出明确的结论。

3. 施工质量事故处理的方式

(1) 返工处理　即推倒重来，重新施工或更换零部件，自检合格后重新进行检查验收。

(2) 返修处理　即经过适当的加固补强、修复缺陷，自检合格后重新进行检查验收。

(3) 让步处理　即对质量不合格的施工结果，经设计人的核验，虽没有达到设计的质量标准，却尚不影响结构安全和使用功能，经业主同意后可予验收。

(4) 降级处理　如对已完施工部位，因轴线、标高引测差错而改变设计平面尺寸，若返工损失严重，却尚不影响结构安全和使用功能，经业主同意后可予验收。

(5) 不作处理 对于轻微的施工质量缺陷，如面积小、点数多、程度轻的混凝土蜂窝麻面、露筋等在施工规范允许范围内的缺陷，可通过后续工序进行修复。

4 施工安全控制

4.1 施工安全控制的基本概念

4.1.1 安全生产和安全控制的概念

1. 安全

安全指的是免除不可接受的损害风险的状态。不可接受的损害风险（危险）通常是指：

(1) 超出了法律、法规和规章等的要求；

(2) 超出了组织的方针、目标和规定的要求等；

(3) 超出了人们普遍接受（通常是隐含的）要求。

因此，安全与否要对照风险接受程度来判定，是一个相对性的概念。

2. 安全生产

安全生产是指使生产过程处于避免人身伤害、设备损坏及其他不可接受的损害风险（危险）的状态。我国安全生产的方针是"安全第一，预防为主"。

(1) "安全第一"是把人身的安全放在首位，安全为了生产，生产必须保证人身安全，充分体现了"以人为本"的理念。

(2) "预防为主"是采取正确的预防措施和方法进行安全控制，从而减少和消除事故，把事故消灭在萌芽状态，力争零事故。

3. 安全控制

安全控制是为满足生产安全，涉及对生产过程中的危险进行控制的计划、组织、指挥、监控、协调和改进等一系列管理活动，从而保证施工中的人身安全、设备安全、结构安全、财产安全和适宜的施工环境。

4. 安全控制的目标

安全控制的目标是减少和消除生产过程中的事故，保证人员健康安全和财产免受损失。具体可包括：

（1）减少或消除人的不安全行为的目标；

（2）减少或消除设备、材料的不安全状态的目标；

（3）改善生产环境和保护自然环境的目标；

（4）安全管理的目标。

4.1.2 施工安全控制的特点

1. 控制面广

由于建设工程规模较大，生产工艺复杂、工序多，在建造过程中流动作业多，高空露天作业多，作业位置多变，遇到的不确定因素多，安全控制工作涉及范围大，控制面广。

2. 控制的动态性

（1）由于建设工程项目的单件性，使得每项工程所处的条件不同，所面临的危险因素和防范措施也会有所改变，员工在转移工地后，熟悉一个新的工作环境需要一定的时间，有些工作制度和安全技术措施也会有所调整，员工同样有个熟悉的过程。

（2）建设工程项目施工的分散性。因为现场施工分散于施工现场的各个部位，尽管有各种规章制度和安全技术交底的环节，但是面对具体的生产环境时，仍然需要自己的判断和处理，有经验的人员还必须适应不断变化的情况。

3. 控制系统交叉性

建设工程项目是开放系统，受自然环境和社会环境影响很大，安全控制需要把工程系统和环境系统及社会系统结合。

4. 控制的严谨性

安全状态具有触发性，其控制措施必须严谨，一旦失控，就会造成损失和伤害。

4.1.3 施工安全控制的主要规定

确保安全目标实现的前提是坚持"安全第一，预防为主"的方针；建立安全生产责任制。

1. 安全控制必须坚持"安全第一，预防为主"的方针。项目经理部应建立安全管理体系和安全生产责任制。安全员应持证上岗，保证项目安全目标的实现。项目经理是项目安全生产的总负责人。

2. 在编制施工组织设计时，应当根据工程的特点制定相应的安全技术措施；对专业性较强的施工项目，应当编制专项安全施工组织设计，并采取安全技术措施。

3. 项目安全控制的三个重点是施工中人的不安全行为，物的不安全状态，作业环境的不安全因素和管理缺陷，应对其进行有针对性的控制。

4. 实行分包的项目，安全控制由承包人全面负责，分包人向承包人负责，并服从承包人对施工现场的安全管理。

5. 项目经理部和分包人在施工中必须保护环境。

6. 在进行施工平面图设计时，应充分考虑安全、防火、防爆、防污染等因素，做到分区明确，合理定位。

7. 项目经理部必须建立施工安全生产教育制度，未经施工安全生产教育的人员不得上岗作业。

8. 项目经理部必须为从事危险作业人员办理人身意外伤害保险。

9. 施工作业过程中对危及生命安全和人身健康的行为，作业人员有权抵制、检举和控告。

4.1.4 施工安全控制的具体要求

1. 施工单位必须取得了安全行政主管部门颁发的《安全施工许可证》后才可开工。

2. 总承包单位和每一个分包单位都应经过安全资格审查认可。

3. 各类作业人员和管理人员必须具备相应的执业资格才能上岗。

4. 所有新员工必须经过三级安全教育，即进公司、进车间（项目经理部）和进班组的安全教育。

5. 特殊工种作业人员必须持有特种作业操作证，并严格按规定定期进行复查。

6. 对查出的安全隐患要做到"五定"，即：定整改责任人、定整改措施，定整改完成时间、定整改完成人、定整改验收人。

7. 必须把好安全生产"六关"，即：措施关、交底关、教育关、防护关、检查关、改进关。

8. 施工现场安全设施齐全，并符合国家及地方有关规定。

9. 施工机械（特别是现场安设的起重设备等）必须经安全检查合格后方可使用。

10. 保证安全技术措施费用的落实，不得挪作他用。

4.1.5 施工安全控制的程序

1. 确定项目的安全目标

按"目标管理"方法在以项目经理为首的项目管理系统内进行分解，从而确定每个岗位的安全目标，实现全员安全控制。

2. 编制项目施工安全保证计划（安全技术措施计划）

对生产过程中的安全风险进行识别和评价，对其不安全因素用技术手段加以消除和控制，并形成文件。安全技术保证计划是进行工程项目施工安全控制的指导性文件。

3. 安全保证计划的实施

包括建立健全安全生产责任制、设置安全生产设施、进行安全教育和培训、沟通和交流信息、通过安全控制使生产作业的安全状况处于受控状态。

4. 安全保证计划的验证

包括安全检查、纠正不符合情况，并做好检查记录工作。根据实际情况补充和修改安全技术措施。

5. 持续改进，直至完成建设工程项目的所有工作。

由于建设工程项目的开放性，在项目实施过程中，各种条件可能有所变化，以致造成对安全风险评价的结果失真，使得安全技术措施与变化的条件不相适应，此时应考虑是否对安全风险重新评价和是否有必要更改安全保证计划。

6. 兑现合同承诺。

4.2 安全保证计划

4.2.1 工程项目安全保证计划的基本要求

1. 项目经理部应根据项目施工安全目标的要求配置必要的资源，确保施工安全，保证目标实现。专业性较强的施工项目，应编制专项安全施工组织设计并采取安全技术措施。

2. 安全保证计划是生产计划的重要组成部分，它已经成为企业按计划改善劳动条件，搞好安全生产工作的一项行之有效的制度。

安全保证计划的作用是：规划安全生产目标，确定过程控制要求，制定安全技术措施，配置必要资源，确保安全保证目标实现。

项目安全保证计划应在项目开工前编制，经项目经理批准后实施。

3. 项目安全保证计划的内容包括：工程概况，控制程序，控制目标，组织结构，职责权限，规章制度，资源配置，安全措施，检查评价，奖惩制度。

安全保证计划的范围应包括改善劳动条件、防止伤亡事故、预防职业病和职业中毒等，主要应从安全技术（如防护装置、保险装置、信号装置和防爆炸装置等）、职业卫生（如防尘、防毒、防噪声、通风、照明、取暖、降温等措施)、辅助房屋及措施(如更衣室、休息室、淋浴室、消毒室、妇女卫生室、厕所和冬季作业取暖室等)、宣传教育的资料及设施(如职业健康安全教材、图书、资料，安全生产规章制度、安全操作方法训练设施、劳动保护和安全技术的研究与实验等)。

4. 项目经理部应根据工程特点、施工方法、施工程序、安全法规和标准的要求，采取可靠的技术措施，消除安全隐患，保证施工安全。

安全技术措施，是指为防止工伤事故和职业病的危害，从技术上采取的措施；在工程施工中，是指针对工程特点，环境条件，劳力组织，作业方法，施工机械，供电设施等制定的确保安全施工的措施。安全技术措施是施工项目管理实施规划或施工组织设计的重要组成部分。

5. 对结构复杂、施工难度大、专业性强的项目，除制定项目安全技术总体安全保证计划外，还必须制定单位工程或分部、分项工程的安全施工措施。

6. 对高空作业、井下作业、水上作业、水下作业、深基坑开挖、爆破作业、脚手架上作业、有害有毒作业，特种机械作业等专业性强的施工作业，以及从事电气、压力容器、起重机、金属焊接、井下瓦斯检验、机动车和船舶驾驶等特殊工种的作业，应制定单项安全技术方案和措施，并应对管理人员和操作人员的安全作业资格和身体状况进行合格审查。

4.2.2 施工安全技术措施

1. 施工安全技术措施包括安全防护设施的设置和安全的预防措施，主要有"17防"：防火、防毒、防爆、防洪、防尘、防雷击、防触电、防坍塌、防物体打击、防机械伤害、防溜车、防高空坠落、防交通事故、防寒、防暑、防疫、防环境污染等方面措施。

2. 制定和完善施工安全操作规程，编制各施工工种，特别是危险性较大工种的安全施工操作要求,作为规范和检查考核员工安全生产行为的依据。

4.3 危险源识别与风险评价

4.3.1 危险源概念

1. 危险源的定义

(1) 危险源是指可能导致死亡、伤害、职业病、财产损失、工作环境破坏或这些情况组合的根源或状态。危险源是安全控制的主要对象。

(2) 环境因素是指一个组织的活动、产品或服务中能与环境发生相互作用的要素。根据上述定义,对不利环境因素的识别及评价,可参照危险源识别及评价的方法进行。

2. 两类危险源

根据危险源在事故发生发展中的作用,危险源分为两大类。

(1) 可能发生意外释放的能量的载体或危险物质称作第一类危险源。通常把产生能量的能量源或拥有能量的能量载体作为第一类危险源来处理。

(2) 造成约束、限制能量措施失效或破坏的各种不安全因素称作第二类危险源。在正常情况下,生产过程中的能量或危险物质受到约束或限制,不会发生意外释放,即不会发生事故,但是,一旦这些约束或限制措施受到破坏或失效(故障),则将发生事故。第二类危险源包括人的不安全行为、物的不安全状态和不良环境条件三个方面。

3. 危险源与事故

事故的发生是两类危险源共同作用的结果。第一类危险源是事故发生的前提,第二类危险源的出现是第一类危险源导致事故的必要条件。在事故的发生和发展过程中,两类危险源相互依存,相辅相成。第一类危险源是事故的主体,决定事故的严重程度；第二类危险源出现的难易，决定事故发生的可能性大小。

4.3.2 危险源识别

1. 危险源识别就是找出与每项工作活动有关的所有危险源，并考虑什么人会受到伤害以及如何受到伤害等。

2. 为了做好危险源识别的工作，可以把危险源按工作活动的专业进行分类为：机械类、电气类、辐射类、物质类、火灾和爆炸类等。可以采用危险源提示表的方法，进行危险源辨识。危险源提示表可以对下列几个方面的工作活动信息进行设问：

在平地上滑倒（跌倒）；
人员从高处坠落（包括从地平处坠入深坑）；
工具、材料等从高处坠落；
头顶以上空间不足；
用手举起/搬运工具、材料等有关的危险源；
与装配、试车、操作、维护、改造、修理和拆除等有关的装置、机械的危险源；
车辆、船只危险源，包括场地运输和场外运输等；
火灾和爆炸；
对员工的暴力行为；
可吸入的物质；
可伤害眼睛的物质或试剂；
可通过皮肤接触和吸收而造成伤害的物质；
可通过摄入（如通过口腔进入体内）而造成伤害的物质；
有害能量（如电、辐射、噪声以及振动等）；
由于经常性的重复动作而造成的与工作有关的上肢损伤；
不适的热环境（如过热等）；
照度；
易滑、不平坦的场地（地面）；
不合适的楼梯护栏和扶手；
合同各方人员的活动。

以上所列并不全面，应根据工程项目的具体情况，提出各自的危险源提示表。

4.3.3 风险的确定

由某一个或某几个危险源产生的风险宜通过风险评价来衡量其风险水平，确定该风险是否可容许。风险评价是在假定计划的和已有的控制措施均已实施的情况下做出主观评价，同时还需考虑控制措施的有效性以及控制失效后可能发生的后果。

1. 风险

风险是某一特定危险情况的发生的可能性和后果的组合。风险等级可以用以下公式表达。

风险等级＝危险情况发生的可能性×发生危险造成的后果的严重程度

2. 风险情况发生的可能性

在确定危险情况发生和造成伤害的可能性时，宜考虑已实施的和已符合要求的控制措施充分性；同时对于法制要求和行为准则包含了规定的危险源控制措施，也应充分考虑。除了前面所给定的工作活动信息外，还宜考虑以下方面：

（1）暴露人数；

（2）暴露在危险源中的频次和持续时间；

（3）服务（例如：供水、供电）中断；

（4）装置、机械部件和安全装置的失灵；

（5）暴露于恶劣气候；

（6）个体防护装备所提供的保护和个体防护装备的使用率；

（7）不安全行为（无意识的错误或故意违反程序），例如：可能不知道哪是危险源；可能不具备执行工作任务所需的知识、体能或技能；低估了所暴露的风险；低估了安全工作方法的实用性和有效性。

通常把危险情况发生和造成伤害的可能性用很大、中等和极小三种情况来判断，还可以用可能、不可能和极不可能三种情况来判断。

3. 发生危险造成后果或产生伤害的严重程度

工作活动信息是风险评价的关键输入。在确定潜在事故或伤害的严重程度时，还宜考虑以下方面：

（1）可能受到影响的身体部位；

（2）伤害的性质，包括轻微伤害、伤害和严重伤害。

轻微伤害，例如：表面损伤、轻微割伤和擦伤、粉尘对眼睛的刺激、烦躁和刺激（如头痛）、导致暂时性不适的疾病；

伤害，例如：划伤、烧伤、脑震荡、严重扭伤、轻微骨折、耳聋、皮炎、哮喘、与工作有关的上肢损伤、导致永久性轻微功能丧失的疾病；

严重伤害，例如：截肢、严重骨折、中毒、复合伤害、致命伤害、职业癌症、其他导致寿命严重缩短的疾病、急性不治之症。

4. 风险评价

（1）风险评价是评估风险大小以及确定风险是否可容许的全过程。

（2）风险等级的确定：根据风险等级的表达式，可按有关规定的要求对风险的大小进行分级。

（3）可容许风险是根据法律义务和职业健康安全方针，已降低组织可接受程度的风险，一般把可忽略的和可容许的风险两个等级视为可容许风险。

4.3.4　安全技术措施计划的制定和评审

1. 制定安全措施计划是针对风险评价中发现的、需要重视的任何问题，根据风险评估的结果，对不可容许等级的风险采取的控制措施。在制定安全措施计划时，应充分考虑现有的风险控制措施的适当性和有效性，对新的风险控制措施应保证其适应性和有效性。表4-1是一个根据不同的风险水平而制定的简单控制措施计划的例子，它说明安全措施应该与风险等级相适应。

基于不同风险水平的简单控制措施计划表　　　表 4-1

风　险	措　　施
可忽略的	不采取措施且不必保留文件记录
可容许的	不需要另外的控制措施，应考虑投资效果更佳的解决方案或不增加额外成本的改进措施，需要监视来确保控制措施得以维持
中度的	应努力降低风险，但应仔细测定并限定预防成本，并在规定的时间期限内实施降低风险的措施。在中度风险与严重伤害后果相关的场合，必须有进一步的评价，以更准确地确定伤害的可能性，并确定是否需要改进控制措施
重大的	直至风险降低后才能开始工作，为降低风险有时必须配给大量的资源。当风险涉及正在进行中的工作时，就应采取应急措施
不容许的	只有当风险已经降低时，才能开始或继续工作。如果无限投入也不能降低风险，就必须禁止工作

2. 应根据风险评价的结果，列出按照优先顺序排列的安全控制措施清单，在清单中应包含新设计的控制措施、拟保持原有的控制措施或应改进的原有控制措施等。

3. 选择安全控制措施时，可以考虑以下方面：

（1）尽可能完全消除有不可接受风险的危险源，如用安全品取代危险品；

（2）如果是不可能消除有重大风险的危险源，应努力采取降低风险的措施，如使用低压电器等；

（3）在条件允许时，应使工作适合于人，如考虑降低人的精神压力和体能消耗；

（4）应尽可能采用技术进步来改善安全控制措施；

（5）应考虑保护每个工作人员的措施；

（6）将技术管理与程序控制结合起来；

（7）应考虑引入诸如机械安全防护装置的维护计划的要求；

（8）在各种措施还不能绝对保证安全的情况下，作为最终手段，还应考虑使用个人防护用品；

(9) 应有可行、有效的应急方案；

(10) 预防性测定指标是否符合监视控制措施计划的要求。

4. 评审安全技术措施计划的充分性

安全技术措施计划应该在实施前予以评审。评审需要包含以下方面：

(1) 更改的控制措施是否使风险降至可容许水平；

(2) 是否产生了新的危险源；

(3) 是否已选定了成本效益最佳的解决方案；

(4) 受影响的人员如何评价更改的预防措施的必要性和实用性；

(5) 更改的预防措施是否会用于实际工作中，以及在面对诸如完成工作任务的压力等情况下是否将不被忽视。

4.4 安全保证计划的实施

4.4.1 建立安全生产责任制

实施安全保证计划应建立安全生产责任制。安全生产责任制，是指企业对项目经理部各级领导、各个部门、各类人员所规定的在他们各自职责范围内对安全生产应负责任的制度。其内容应充分体现责、权、利相统一的原则。建立以安全生产责任制为中心的各项安全管理制度，是保障安全生产的重要手段。安全生产责任制应根据"管生产必须管安全"，"安全生产人人有责"的原则，明确各级领导，各职能部门和各类人员在施工生产活动中应负的安全责任。这些人员包括：项目经理、安全员、作业队长、班组长、操作工人、分包人。

项目经理部应根据安全生产责任制的要求，把安全责任目标分解到岗，落实到人。安全生产责任制必须经项目经理批准后实施。

1. 项目经理安全职责应包括：认真贯彻安全生产方针、政策、法规和各项规章制度，制定和执行安全生产管理办法，严格执行安全考核指标和安全生产奖惩办法，严格执行安全技术措施审批和施工安全技术措施交底制度；定期组织安全生产检查和分析，针对可能产生的安全隐患制定相应的预防措施；当施工过程中发生安全事故时，项目经理必须按安全事故处理的有关规定和程序及时上报和处置，并制定防止同类事故再次发生的措施。

2. 安全员安全职责应包括：落实安全设施的设置；对施工全过程的安全进行监督，纠正违章作业，配合有关部门排除安全隐患，组织安全教育和全员安全活动，监督劳保用品质量和正确使用。

3. 作业队长安全职责应包括：向作业人员进行安全技术措施交底，组织实施安全技术措施；对施工现场安全防护装置和设施进行验收；对作业人员进行安全操作规程培训，提高作业人员的安全意识，避免产生安全隐患；当发生重大或恶性工伤事故时，应保护现场，立即上报并参与事故调查处理。

4. 班组长安全职责应包括：安排施工生产任务时，向本工种作业人员进行安全措施交底；严格执行本工种安全技术操作规程，拒绝违章指挥；作业前应对本次作业所使用的机具、设备、防护用具及作业环境进行安全检查，消除安全隐患，检查安全标牌是否按规定设置，标识方法和内容是否正确完整；组织班组开展安全活动，召开上岗前安全生产会；每周应进行安全讲评。

5. 操作工人安全职责应包括：认真学习并严格执行安全技术操作规程，不违规作业；自觉遵守安全生产规章制度，执行安全技术交底和有关安全生产的规定；服从安全监督人员的指导，积极参加安全活动；爱护安全设施，正确使用防护用具；对不安全作业提出意见，拒绝违章指挥。

6. 承包人对分包人的安全生产责任应包括：审查分包人的安全施工资格和安全生产保证体系，不应将工程分包给不具备安全生产条件的分包人；在分包合同中应明确分包人安全生产责任和义务；对分包人提出安全要求，并认真监督、检查；对违反安全规定冒险蛮干的分包人，应令其停工整改；承包人应统计分包人的伤亡事故，按规定上报，并按分包合同约定协助处理分包人的伤亡事故。

7. 分包人安全生产责任应包括：分包人对本施工现场的安全工作负责，认真履行分包合同规定的安全生产责任；遵守承包人的有关安全生产制度，服从承包人的安全生产管理，及时向承包人报告伤亡事故并参与调查，处理善后事宜。

8. 施工中发生安全事故时，项目经理必须按国务院安全行政主管部门的规定及时报告并协助有关人员进行处理。

4.4.2 安全教育和培训

1. 项目经理部的安全教育内容应包括：学习安全生产法律、法规、制度和安全纪律，讲解安全事故案例。

2. 作业队安全教育内容应包括：了解所承担施工任务的特点，学习施工安全基本知识、安全生产制度及相关工种的安全技术操作规程；学习机械设备和电器使用、高处作业等安全基本知识；学习防火、防毒、防爆、防洪、防尘、防雷击、防触电、防高空坠落、防物体打击、防坍塌、防机械伤害等知识及紧急安全救护知识；了解安全防护用品发放标准，防护用具、用品使用基本知识。

3. 班组安全教育内容应包括：了解本班组作业特点，学习安全操作规程、安全生产制度及纪律；学习正确使用安全防护装置（设施）及个人劳动防护用品知识；了解本班组作业中的不安全因素及防范对策、作业环境及所使用的机具安全要求。

4. 安全教育培训的主要方式如下：

（1）广泛开展安全生产的宣传教育，使全体员工真正认识到安全生产的重要性和必要性，懂得安全生产和文明施工的科学知识，牢固树立安全第一的思想，自觉地遵守各项安全生产法律法规和规章制度。

(2) 把安全知识、安全技能、设备性能、操作规程、安全法规等作为安全教育培训的主要内容。

(3) 建立经常性的安全教育培训考核制度，考核成绩要记入员工档案。

(4) 电工、电焊工、架子工、司炉工、爆破工、机械操作工、起重工、机械司机、机动车辆司机等特殊工种工人，除一般安全教育外，还要经过专业安全技能培训，经考试合格持证后，方可独立操作。

(5) 采用新技术、新工艺、新设备施工和调换工作岗位时，也要进行安全教育，未经安全教育培训的人员不得上岗操作。

4.4.3 安全技术交底

1. 单位工程开工前，项目经理部的技术负责人必须将工程概况、施工方法、施工工艺、施工程序、安全技术措施，向承包施工的作业负责人、工长、班组长和相关人员进行交底。项目经理部必须实行逐级安全技术交底制度，纵向延伸到班组全体作业人员。

2. 结构复杂的分部分项工程，项目经理部的技术负责人应有针对性地进行全面、详细的安全技术交底，并定期向由两个以上作业队和多工种进行交叉施工的作业队伍进行书面交底。

3. 技术交底必须具体、明确、针对性强；技术交底的内容应针对施工中给作业人员带来的潜在隐含危险因素和存在问题；应优先采用新的安全技术措施等。

4. 项目经理部应保存双方签字确认的安全技术交底记录。

4.5 安全检查

4.5.1 安全检查的概念

安全检查是指企业安全生产监察部门或项目经理部对企业贯

彻国家安全生产法律法规的情况、安全生产情况、劳动条件、事故隐患等所进行的检查。安全检查的目的是验证计划的实施效果，清除隐患、防止事故、改善劳动条件及提高员工安全生产意识。安全检查是安全控制工作的一项重要内容，通过安全检查可以发现工程中的危险因素，以便有计划地采取措施，保证安全生产。

4.5.2 安全检查的类型

安全检查可分为日常性检查、专业性检查，季节性检查、节假日前后的检查和不定期检查。

1. 日常性检查

日常性检查即经常的、普遍的检查。企业一般每年进行1~4次；工程项目部、车间、科室每月至少进行一次；班组每周、每班次都应进行检查。专职安全技术人员的日常检查应该有计划，针对重点部位周期性地进行。

2. 专业性检查

专业性检查是针对特种作业、特种设备、特殊场所进行的检查，如电焊、气焊、起重设备、运输车辆、锅炉压力容器、易燃易爆场所等。

3. 季节性检查

季节性检查是指根据季节特点，为保障安全生产的特殊要求所进行的检查，如春季秋季，要着重防火、防爆；夏季高温多雨多雷电，要着重防暑降温、防洪、防雷击、防触电；冬季着重防寒、防冻等。

4. 节假日前后的检查

节假日前后的检查是针对节假日期间容易产生麻痹思想的特点而进行的安全检查，包括节日前进行安全生产综合检查，节日后要进行遵章守纪的检查等。

5. 不定期检查

不定期检查是指在工程或设备开工和停工前，检修中，工程或设备竣工及试运转时进行的安全检查。

4.5.3 安全检查的注意事项

1. 安全检查要深入基层,紧紧依靠职工,坚持领导与群众相结合的原则,组织好检查工作。
2. 建立检查的组织领导机构,配备适当的检查力量,挑选具有较高技术业务水平的专业人员参加。
3. 做好检查的各项准备工作,包括思想、业务知识、法规政策和物资、奖金准备。
4. 明确检查的目的和要求。即要严格要求,又要防止一刀切,要从实际出发,分清主、次矛盾,力求实效。
5. 把自查与互查有机结合起来。基层以自检为主,企业内相应部门间互相检查,取长补短,相互学习和借鉴。
6. 坚持查改结合。检查不是目的,只是一种手段,整改才是最终目的。发现问题,要及时采取切实有效的防范措施。
7. 建立检查档案。结合安全检查表的实施,逐步建立健全检查档案,收集基本数据,掌握基本安全状况,为及时消除隐患提供数据,同时也为以后的职业健康安全检查奠定基础。
8. 在制定安全检查表时,应根据用途和目的具体确定安全检查表的种类。安全检查表的主要种类有:设计用安全检查表;三级安全检查表;车间安全检查表;班组及岗位安全检查表;专业安全检查表等。制定安全检查表要在安全技术部门的指导下,充分依靠职工来进行。初步制定出来的检查表,要经过群众的讨论,反复试行,再加以修订,最后由安全技术部门审定后方可正式实行。

4.5.4 安全检查的主要内容

1. 查思想
主要检查企业的领导和职工对安全生产工作的认识。
2. 查管理
主要检查工程的安全生产管理是否有效。主要内容包括:安全生产责任制、安全技术措施计划、安全组织机构、安全保证措施、安全技术交底、安全教育、安全持证上岗、安全设施、安全标识、操作行为、违规管理、安全记录等。

3. 查隐患

主要检查作业现场是否符合安全生产、文明生产的要求。

4. 查整改

主要检查对过去提出问题的整改情况。

5. 查事故处理

对安全事故的处理应查明事故原因，明确责任并对责任者做出处理，明确和落实整改措施等要求。同时还应检查对伤亡事故是否及时报告，认真调查，严肃处理。

安全检查的重点是违章指挥和违章作业。在安全检查过程中应编制安全检查报告，说明已达标项目，未达标项目，存在问题，原因分析，纠正和预防措施。

4.5.5 项目经理部安全检查的主要要求

1. 施工项目的安全检查由项目经理组织，定期进行。对施工中存在的不安全行为和隐患，项目经理部应分析原因并制定相应的整改防范措施。

2. 项目经理部应根据施工过程的特点和安全目标的要求，确定安全检查内容。

3. 项目经理部安全检查应配备必要的设备或器具，确定检查负责人和检查人员，并明确检查内容及要求。

4. 项目经理部安全检查应采取随机抽样、现场观察、实地检测相结合的方法，并记录检测结果。对现场管理人员的违章指挥和操作人员的违章作业行为应进行纠正。

5. 安全检查人员应对检查结果进行分析，找出安全隐患部位，确定危险程度。

6. 项目经理部应编写安全检查报告。

4.6 安全隐患和安全事故处理

4.6.1 安全隐患及其处理

1. 安全隐患是在安全检查及数据分析时发现的，应利用"安全隐患通知单"通知责任人制定纠正和预防措施，限期改正，安全员跟踪验证。

2. 安全隐患处理应符合下列规定：

（1）项目经理部应区别"通病"、"顽症"、首次出现、不可抗力等类型，修订和完善安全整改措施。

（2）项目经理部应对检查的隐患立即发出安全隐患整改通知单。受检单位应对安全隐患原因进行分析，制定纠正和预防措施。纠正和预防措施应经检查单位负责人批准后实施。

（3）安全检查人员对检查出的违章指挥和违章作业行为向责任人当场指出，限期纠正。

（4）安全员对纠正和预防措施的实施过程和实施效果应进行跟踪检查，保存验证记录。

4.6.2 安全事故及其分类

安全事故是人们在进行有目的的活动过程中，发生了违背人们意愿的不幸事件，使其有目的的行动暂时或永久地停止。重大安全事故，系指在施工过程中由于责任过失造成工程倒塌或废弃，机械设备破坏和安全设施失当造成人身伤亡或者重大经济损失的事故。

重大事故分为四个等级：

1. 具备下列条件之一者为一级重大事故。

（1）死亡 30 人以上；

（2）直接经济损失 300 万元以上。

2. 具备下列条件之一者为二级重大事故。

(1) 死亡10人以上，29人以下；
(2) 直接经济损失100万元以上，不满300万元。

3. 具备下列条件之一者为三级重大事故。
(1) 死亡3人以上，9人以下；
(2) 重伤20人以上；
(3) 直接经济损失30万元以上，不满100万元。

4. 具备下列条件者为四级重大事故。
(1) 死亡2人以下；
(2) 重伤3人以上，19人以下；
(3) 直接经济损失10万元以上，不满30万元。

4.6.3 安全事故处理的"四不放过"原则

安全事故处理必须坚持"事故原因不清楚不放过，事故责任者和员工没有受到教育不放过，事故责任者没有处理不放过，没有制定防范措施不放过"的原则。

4.6.4 安全事故处理程序

1. 报告安全事故：安全事故发生后，受伤者或最先发现事故的人员应立即用最快的传递手段，将发生事故的时间、地点、伤亡人数、事故原因等情况，上报至企业安全主管部门。企业安全主管部门视事故造成的伤亡人数或直接经济损失情况，按规定向政府主管部门报告。

2. 事故处理：抢救伤员、排除险情、防止事故蔓延扩大，做好标识，保护好现场。

3. 事故调查：项目经理应指定技术、安全、质量等部门的人员，会同企业安全主管部门、工会代表组成调查组，开展调查。

4. 对事故责任者进行处理。

5. 编写事故调查报告：调查组应把事故发生的经过、原因、性质、损失责任、处理意见、纠正和预防措施撰写成调查报告，并经调查组全体人员签字确认后报企业安全主管部门。

4.6.5 安全事故处理规定

1. 事故调查组提出的事故处理意见和防范措施建议，由发生事故的企业及其主管部门负责处理。

2. 因忽视安全生产、违章指挥、违章作业、玩忽职守或者发现事故隐患、危害情况而不采取有效措施以致造成伤亡事故的，由企业主管部门或者企业按照国家有关规定，对企业负责人和直接责任人员给予行政处分；构成犯罪的，由司法机关依法追究刑事责任。

3. 在伤亡事故发生后隐瞒不报、谎报、故意迟延不报、故意破坏事故现场，或者以不正当理由，拒绝接受调查以及拒绝提供有关情况和资料的，由有关部门按照国家有关规定，对有关单位负责人和直接责任人员给予行政处分；构成犯罪，由司法机关依法追究刑事责任。

4. 伤亡事故处理工作应当在90日内结案，特殊情况不得超180日。伤亡事故处理结案后，应当公开宣布处理结果。

4.7 工伤的认定和职业病的处理

4.7.1 工伤认定

国务院颁布的《工伤保险条例》中的规定，划定了工伤的认定原则。

1. 职工有下列情形之一的，应当认定为工伤：

（1）在工作时间和工作场所内，因工作原因受到事故伤害的；

（2）工作时间前后在工作场所内，从事与工作有关的预备性或者收尾性工作受到事故伤害的；

（3）在工作时间和工作场所内，因履行工作职责受到暴力等意外伤害的；

（4）患职业病的；

（5）因工外出期间，由于工作原因受到伤害或者发生事故下落不明的；

（6）在上下班途中，受到机动车事故伤害的；

（7）法律、行政法规规定应当认定为工伤的其他情形。

2. 职工有下列情形之一，视同工伤：

（1）在工作时间和工作岗位，突发疾病死亡或者在48小时之内经抢救无效死亡的；

（2）在抢险救灾等维护国家利益、公共利益活动中受到伤害的；

（3）职工原在军队服役，因战、因公负伤致残，已取得革命伤残军人证，到用人单位后旧伤复发的。

3. 职工有下列情形之一的，不得认定为工伤或者视同工伤：

（1）因犯罪或者违反治安管理条例伤亡的；

（2）醉酒导致伤亡的；

（3）自残或者自杀的。

4.7.2 职业病的处理

1. 职业病报告

（1）职业病报告实行以地方为主，逐级上报的办法。地方各级卫生行政部门指定相应的职业病防治机构或卫生防疫机构负责职业病统计和报告工作。

（2）一切企、事业单位发生的职业病，都应按规定要求向当地卫生监督机构报告，由卫生监督机构统一汇总上报。

2. 职业病处理

（1）职工被确诊患有职业病后，其所在单位应根据职业病诊断机构的意见，安排其医疗或疗养。

（2）在医治或疗养后被确认不宜继续从事原有害作业或工作的，应自确认之日起的两个月内将其调离原工作岗位，另行安排工作；对于因工作需要暂不能调离的生产、工作的技术骨干，调离期限最长不得超过半年。

（3）患有职业病的职工变动工作单位时，其职业病待遇应由原单位负责或两个单位协商处理，双方商妥后方可办理调转手续，并将其健康档案、职业病诊断证明及职业病处理情况等材料全部移交新单位。调出、调入单位都应将情况报告所在地的劳动卫生职业病防治机构备案。

（4）职工到新单位后，新发生的职业病不论与现工作有无关系，其职业病待遇由新单位负责。劳动合同制工人、临时工终止或解除劳动合同后，在待业期间新发现的职业病，与上一个劳动合同期工作有关时，其职业病待遇由原终止或解除劳动合同的单位负责。如原单位已与其他单位合并，由合并后的单位负责；如原单位已撤销，应由原单位的上级主管机关负责。

4.8 项目现场管理

4.8.1 文明施工的概念与文明施工管理

1. 文明施工的概念

文明施工是保持施工现场良好的作业环境、卫生环境和工作秩序。主要包括以下几个方面的工作：

（1）规范施工现场的场容，保持作业环境的整洁卫生。

（2）科学组织施工，使生产有序进行。

（3）减少施工对周围居民和环境的影响。

（4）遵守施工现场文明施工的规定和要求，保证职工的安全和身体健康。

2. 文明施工意义

（1）文明施工能促进企业综合管理水平的提高

保持良好的作业环境和秩序，对促进安全生产、加快施工进度、保证工程质量、降低工程成本、提高经济效益和社会效益有较大作用。文明施工涉及人、财、物各个方面，贯穿于施工全过程之中，体现了企业在工程项目施工现场的综合管理水平。

（2）文明施工是适应现代化施工的客观要求

现代化施工更需要采用先进的技术、工艺、材料、设备和科学的施工方案，需要严密组织、严格要求、标准化管理和较好的职工素质等。文明施工能适应现代化施工的要求，是实现优质、高效、低耗、安全、整洁、环保的有效手段。

（3）文明施工代表企业的形象

良好的施工环境与施工秩序，可以得到社会的支持和信赖，能提高企业的知名度和市场竞争力。

（4）文明施工有利于员工的身心健康，有利于培养和提高施工队伍的整体素质

文明施工可以提高职工队伍的文化、技术和思想素质，培养尊重科学、遵守纪律、团结协作的大生产意识，促进企业精神文明建设。从而还可以促进施工队伍整体素质的提高。

3. 文明施工的管理组织和管理制度

（1）管理组织

施工现场应成立以项目经理为第一责任人的文明施工管理组织。分包单位应服从总包单位的文明施工管理组织的统一管理，并接受监督检查。

（2）管理制度

各项施工现场管理制度应有文明施工的规定，包括个人岗位责任制、经济责任制、安全检查制度、持证上岗制度、奖惩制度、竞赛制度和各项专业管理制度等。

（3）文明施工的检查

加强和落实现场文明施工的检查、考核及奖惩管理，以促进文明施工管理工作水平提高。检查范围和内容应全面周到，包括生产区、生活区、场容场貌、周边环境及制度落实等内容。检查中发现的问题应采取整改措施。

4. 应保存文明施工的文件和资料

（1）上级及当地政府主管部门关于文明施工的标准、规定、法律法规等资料；

（2）施工组织设计（方案）中对文明施工的管理规定，各阶段施工现场文明施工的措施；

（3）文明施工自检资料；

（4）文明施工教育、培训、考核计划的资料；

（5）文明施工活动各项记录资料。

5. 加强文明施工的宣传和教育

（1）在坚持岗位练兵基础上，采取派出去、请进来、短期培训、上技术课、登黑板报、广播、看录像、看电视等方法狠抓教育工作；

（2）要特别注意对临时工的岗前教育；

（3）专业管理人员应熟悉掌握文明施工的规定。

4.8.2 项目现场管理的主要规定

1. 项目经理部应认真搞好施工现场管理，做到文明施工、安全有序、整洁卫生、不扰民、不损害公众利益。

搞好施工现场管理是建设法律法规对承包人提出的要求。因此项目经理部必须遵守其相关的规定。主要文件有：《建设工程施工现场管理规定》（建设部令第 15 号）；《文物保护法》；《环境保护法》；《环境噪声污染防治法》；《消防法》；《消防条例》；《环境管理体系标准》（GB/T24000—ISO 14000）等。另外，现场管理还应遵守当地政府相关的法规和建设部有关的规范性文件，如《建设工程施工合同（示范文本）》（建建[1999]313号）和《建设工程施工现场综合考评试行办法》（建监[1995]407 号）等。

2. 在施工组织设计中，应明确文明施工的目标以及文明施工、环境保护措施，并实施目标管理。

3. 现场门头应设置承包人的标志。承包人项目经理部应负责施工现场场容文明形象管理的总体策划和部署；各分包人应在承包人项目经理部的指导和协调下，按照分区划块原则，搞好分包人施工用地区域的场容文明形象管理规划，严格执行，并纳入承包人的现场管理范畴，接受监督、管理与协调。

施工现场管理是承包人和分包人的共同责任。承包人的施工项目部负总责，分包人应在其指导协调下，负责其用地区域的现场管理。

4. 项目经理部应在现场入口的醒目位置，公示下列内容：

（1）工程概况牌，包括：工程规模、性质、用途，发包人、设计人、承包人和监理单位的名称，施工起止年月等。

（2）安全纪律牌。

（3）防火须知牌。

（4）安全无重大事故计时牌。

（5）安全生产、文明施工牌。

（6）施工总平面图。

（7）项目经理部组织架构及主要管理人员名单图。

5. 项目经理应把施工现场管理列入经常性的巡视检查内容，并与日常管理有机结合，认真听取邻近的单位、社会公众的意见和反映，及时抓好整改。

4.8.3 规范场容

1. 施工现场场容规范化应建立在施工平面图设计科学合理化和物料器具定位管理标准化的基础上。承包人应根据本企业的管理水平，建立和健全施工平面图管理和现场物料器具管理标准，为项目经理部提供场容管理策划的依据。

2. 项目经理部必须结合施工条件，按照施工方案和施工进度计划的要求，认真进行施工平面图的规划、设计、布置、使用和管理。

（1）施工平面图宜按指定的施工用地范围和布置的内容，分别进行布置和管理。

（2）单位工程施工平面图宜根据不同施工阶段的需要，分别设计成阶段性施工平面图，并在阶段性进度目标开始实施前，通过施工协调会议确认后实施。

3. 项目经理部应严格按照已审批的施工总平面图或相关的单位工程施工平面图划定的位置，布置施工项目的主要机械设备、脚手架、密封式安全网和围挡、模具、施工临时道路、供水、供电、供气管道或线路、施工材料制品堆场及仓库、土方及建筑垃圾、变配电间、消火栓、警卫室、现场的办公、生产和生活临时设施等。

4. 施工物料器具除应按施工平面图指定位置就位布置外，尚应根据不同特点和性质，规范布置方式与要求，并执行码放整齐、限宽限高、上架入箱、规格分类、挂牌标识等管理标准。

5. 在施工现场周边应设置临时围护设施。市区工地的周边围护设施高度不应低于1.8m。临街脚手架、高压电缆、起重把杆回转半径伸至街道的，均应设置安全隔离棚。危险品库附近应有明显标志及围挡设施。

6. 施工现场应设置畅通的排水沟渠系统，场地不积水、不积泥浆，保持道路干燥坚实。工地地面应做硬化处理。

4.8.4 环境保护

1. 项目经理部应根据《环境管理系列标准》（GB/T24000—ISO14000）建立项目环境监控体系，不断反馈监控信息，采取整改措施。

2. 施工现场泥浆和污水未经处理不得直接排入城市排水设施和河流、湖泊、池塘。

3. 除有符合规定的装置外，不得在施工现场熔化沥青和焚烧油毡、油漆，亦不得焚烧其他可产生有毒有害烟尘或恶臭气味的废弃物，禁止将有毒有害废弃物作土方回填。

4. 建筑垃圾、渣土应在指定地点堆放，每日进行清理。高空施工的垃圾及废弃物应采用密闭式串筒或其他措施清理搬运。装载建筑材料、垃圾或渣土的车辆，应采取防止尘土飞扬、洒落或流溢的有效措施。施工现场应根据需要设置机动车辆冲洗设施，冲洗污水应进行处理。

5. 在居民和单位密集区域进行爆破、打桩等施工作业前，项目经理部应按规定申请批准，还应将作业计划、影响范围、程度及有关措施等情况，向受影响范围内的居民和单位通报说明，取得协作和配合；对施工机械的噪声与振动扰民，应采取相应措施予以控制。

6. 经过施工现场的地下管线，应由发包人在施工前通知承包人，标出位置，加以保护。施工时发现文物、古迹、爆炸物、电缆等，应当停止施工，保护好现场，及时向有关部门报告，按照有关规定处理后方可继续施工。

7. 施工中需要停水、停电、封路而影响环境时，必须经有关部门批准，事先告示。在行人、车辆通行的地方施工，应当设置沟、井、坎、穴覆盖物和标志。

8. 温暖季节宜对施工现场进行绿化布置。

4.8.5 防火保安

1. 现场应设立门卫，根据需要设置警卫，负责施工现场保卫工作，并采取必要的防盗措施。施工现场的主要管理人员在施工现场应当佩戴证明其身份的证卡，其他现场施工人员宜有标识。有条件可对进出场人员使用磁卡管理。

2. 承包人必须严格按照《中华人民共和国消防法》的规定，建立和执行防火管理制度。现场必须有满足消防车出入和行驶的道路，并设置符合要求的防火报警系统和固定式灭火系统，消防设施应保持完好的备用状态。在火灾易发地区施工或储存、使用易燃、易爆器材时，承包人应当采取特殊的消防安全措施。现场严禁吸烟，必要时可设吸烟室。

3. 施工现场的通道、消防出入口、紧急疏散楼道等，均应有明显标志或指示牌。有高度限制的地点应有限高标志。

4. 施工中需要进行爆破作业的，必须经政府主管部门审查批准，并提供爆破器材的品名、数量、用途、爆破地点、四邻距离等文件和安全操作规程，向所在地县、市（区）公安局申领"爆破物品使用许可证"，由具备爆破资质的专业队伍按有关规定进行施工。

4.8.6 卫生防疫及其他事项

1. 施工现场不宜设置职工宿舍，必须设置时应尽量和施工场地分开。现场应准备必要的医务设施。在办公室内显著位置应张贴急救车和有关医院电话号码。根据需要采取防暑降温和消毒、防毒措施。施工作业区与办公区应分区明确。

2. 承包人应明确施工保险及第三者责任险的投保人和投保范围。

3. 项目经理部应对现场管理进行考评，考评办法应由企业按有关规定制定。

4. 项目经理部应进行现场节能管理。有条件的现场应下达能源使用指标。

5. 现场的食堂、厕所应符合卫生要求，现场应设置饮水设施。

4.8.7 文明施工的5S活动

所谓"5S"活动是指对施工现场各生产要素（主要是物的要素）所处状态不断地进行整理、整顿、清扫、清洁和素养。由于这五个词语中罗马拼音的第一字母都是"S"所以称为"5S"。"5S"活动，在日本和西方国家的企业中广泛实行。它是符合现代化大生产特点的一种科学的管理方法，是提高职工素质，实现文明施工的一项有效措施与手段。

1. 整理：就是对施工现场现实存在的人、事、物进行调查分析，按照有关要求区分需要和不需要，合理和不合理，把施工现场不需要和不合理的人、事、物及时处理。

2. 整顿：就是合理定置。通过上一步整理后，把施工现场所需要的人、机、料等按照施工现场平面布置图规定的位置,并根据有关法规、标准以及企业规定,科学合理地安排布置和堆码,使人才合理使用,物品合理定置,实现人、物、场所在空间上的最佳结合,从而达到科学施工、文明安全生产、培养人才、提高效率和质量的目的。

3. 清扫:就是要把施工现场的设备、场地、物品勤加维护打扫,保持现场环境卫生、干净整齐、无垃圾、无污物,并使设备运转正常。

4. 清洁:就是维持整理、整顿、清扫,是前三项活动的继续和深入,从而预防疾病和食物中毒,消除发生安全事故的根源,使施工现场保持良好的施工与生产环境和施工秩序,并始终处于最佳状态。

5. 素养:就是提高施工现场全体职工的素质,养成遵章守纪和文明施工习惯,它是开展"5S"活动的核心和精髓。

4.9 职业健康安全与环境管理体系

4.9.1 职业健康安全与环境管理的基本概念

1. 职业健康安全与环境管理的概念

(1) 职业健康安全因素:影响工作场所内员工、临时工作人员、合同方人员、访问者和其他人员健康安全的条件和因素。

(2) 职业健康安全管理体系:总的管理体系的一部分,便于组织对与其业务相关的职业健康风险的管理。它包括为制定、实施、实现、评审和保持职业健康安全方针所需的组织结构、策划活动、职责、惯例、程序、过程和资源。

(3) 环境因素:组织运行活动的外部存在,包括空气、水、土地、自然资源、植物、动物、人,以及它们之间的相关关系。

(4) 环境管理体系:整个管理体系的一个组成部分,包括为制定、实施、实现、评审和保持环境方针所需的组织的结构、策划活动、职责、惯例、程序、过程和资源。

2. 职业健康安全与环境管理的目的

（1）建设工程项目的职业健康安全管理的目的

建设工程项目的职业健康安全管理的目的是保护产品生产者和使用者的健康与安全。控制影响工作场所内员工、临时工作人员、合同方人员、访问者和其他有关部门人员健康和安全的条件和因素，还应考虑和避免因使用不当对使用者造成的健康和安全的危害。

（2）建设工程项目环境管理的目的

建设工程项目环境管理的目的是保护生态环境，使社会的经济发展与人类的生存环境相协调。控制作业现场的各种粉尘、废水、废气、固体废弃物以及噪声、振动对环境的污染和危害，还应考虑能源节约和避免资源的浪费。

3. 职业健康安全管理体系是用系统论的理论和方法来解决依靠人的可靠性和安全技术可靠性所不能解决的生产事故和劳动疾病的问题，即从组织管理上来解决职业健康安全问题。为此，英国标准化协会（BSI）、爱尔兰国家标准局、南非标准局、挪威船级社（DNV）等13个组织联合分别在1999年和2000年发布了 OHSAS 18001:1999《职业健康安全管理体系-规范》和 OHSAS18002:2000《职业健康安全管理体系-指南》。我国于2001年发布了 GB/T 28001—2001《职业健康安全管理体系-规范》。该体系标准覆盖了 OHSAS18001:1999《职业健康安全管理体系-规范》的所有技术内容，并考虑了国际上有关职业健康安全管理体系的现有文件的技术内容。

国际标准化组织（ISO）从1993年6月正式成立环境管理技术委员会（ISO/TC207）开始，就遵照其宗旨："通过制定和实施一套环境管理的国际标准，规范企业和社会团体等所有组织的环境表现，使之与社会经济发展相适应，改善生态环境质量、减少人类各项活动造成的环境污染，节约能源，促进经济的可持续发展"。经过三年的努力，到1996年推出了ISO14000系列标准。同年,我国将其等同转换为国家标准GB/T24000系列标准。

4.9.2 职业健康安全管理体系和环境管理体系的基本概念及其相互关系

1. 两个管理体系的总体框架相同

职业健康安全管理体系和环境管理体系的总体结构都是由范围、引用标准、术语和定义及管理体系要素(要求)四个结构层次组成。

2. 两个管理体系采用的运行模式完全相同

《职业健康安全管理体系—规范(GB/T28001)》和《环境管理体系—规范及使用指南(GB/T24001)》都采用了"计划—实施—检查—处置"(即PDCA)循环的运行模式和持续改进的理念。

3. 两个管理体系的要素和要求内容相似

《职业健康安全管理体系—规范(GB/T28001)》和《环境管理体系—规范及使用指南(GB/T24001)》体系要素和要求的内容也相似,分别由5个一级要素和17个二级要素组成。

(1) 两个管理体系的五个一级要素分别为:方针,策划(规划),实施和运行,检查和纠正措施,管理评审。

(2) 职业健康安全/环境管理体系的17个二级要素分别为:方针,对危险源辨别、风险评价和风险控制的策划/环境因素,法律法规和其他要求,目标,管理方案,组织结构和职责,培训、意识和能力,协商和沟通/信息交流,管理体系文件,文件和资料控制,运行控制,应急准备和响应,绩效测量和监视/监测和测量,事故、事件、不符合、纠正和预防措施/不符合、纠正和预防措施,记录和记录管理,审核,管理评审。

4. 管理体系整合(一体化)的发展趋势

从职业健康安全管理体系和环境管理体系的结构、运行模式和内容可以看出,两个体系的整合是发展的必然趋势,职业健康安全与环境相互关联性强,其管理的要素和要求密不可分。因此,许多组织将职业健康安全管理体系和环境管理体系整合为一个综合管理体系，称为 HSE 管理体系。

国际标准化组织（ISO）正竭力推进质量管理、职业健康安全和环境管理体系整合，鼓励企业对质量、环境和职业健康安全进行一体化管理。ISO 在 2000 年发布的质量管理体系修订版（ISO9001—2000）时，特别注意考虑与环境管理体系的整合，而且将质量和环境管理体系的审核指南合并为一个标准即 ISO 19011—2002。我国发布的《职业健康安全管理体系（GB/T28001）》的附录中也列了职业健康安全管理体系（GB/T28001）、环境管理体系（GB/T24001）和质量管理体系（GB/T19001）各要素的对应关系。管理体系整合的目的是为了降低企业建立体系的成本和提高管理效益。

5. 企业职业健康安全管理体系、环境管理体系的建立、运行、认证与监督的要求、内容和工作程序与企业质量管理体系的建立、运行、认证和监督相类似。

5 施工进度控制与成本控制

5.1 施工进度控制

5.1.1 项目进度控制的基本要求

1. 项目进度控制应以实现施工合同约定的竣工日期为最终目标。

2. 建筑业企业项目进度控制的指导思想是：总体统筹规划、分步滚动实施。因此，按项目的工程系统构成、施工阶段和部位等进行总目标分解，这是制定进度计划的前提和建立过程进度控制的依据。

3. 项目进度控制应建立以项目经理为责任主体，由子项目负责人、计划人员、调度人员、作业队长及班组长参加的项目进度控制体系。

项目经理应在进度控制中通过施工部署、组织协调、生产调度和指挥、改善施工程序和方法的决策等，应用技术、经济和管理手段充分发挥责任主体的作用。

4. 项目经理部应按下列程序进行项目进度控制。

（1）根据施工合同确定的开工日期、总工期和竣工日期确定施工进度目标，明确计划开工日期、计划总工期和计划竣工日期，并确定项目分期分批的开工、竣工日期。

（2）编制施工进度计划。施工进度计划应根据工艺关系、组织关系、搭接关系、起止时间、劳动力计划、材料计划、机械计划及其他保证性计划等因素综合确定。

(3) 向监理工程师提出开工申请报告,并应按监理工程师下达的开工令指定的日期开工。

(4) 实施施工进度计划。当出现进度偏差(不必要的提前或延误)时,应及时进行调整,并应不断预测未来进度状况。

(5) 全部任务完成后应进行进度控制总结并编写进度控制报告。

5.1.2 施工进度计划

1. 施工方是工程实施的一个重要参与方,许许多多的工程项目,特别是大型重点建设项目,工期要求十分紧迫,施工方的工程进度压力非常大。数百天的连续施工,一天两班制施工,甚至24小时连续施工时有发生。不是正常有序地施工,盲目赶工,难免会导致施工质量问题和施工安全问题的出现,并且会引起施工成本的增加。因此,施工进度控制并不仅关系到施工进度目标能否实现,它还直接关系到工程的质量和成本。在工程施工实践中,必须树立和坚持一个最基本的工程管理原则,即在确保工程质量的前提下,控制工程的进度。

施工进度计划包括施工总进度计划和单位工程施工进度计划。

2. 施工总进度计划

施工总进度计划是以建设项目或群体工程为对象对全工地的所有工程施工活动提出的时间安排表。其作用是确定各个施工对象及主要工种工程、准备工作和全场性工程的施工期限、开工和竣工的日期,确定人力资源、材料、成品、半成品、施工机械的需要量和调配方案,为确定现场临时设施、水、电、交通的需要数量和需要时间提供依据。因此,正确地编制施工总进度计划是保证项目以及整个过程按期交付使用,充分发挥投资效益,降低工程成本的重要条件。

编制施工总进度计划的基本要求是:保证拟建工程在规定的期限内完成;迅速发挥投资效益;保证施工的连续性和均衡性;

节约施工费用。

3. 施工总进度计划的编制应符合下列规定：

（1）施工总进度计划应依据施工合同、施工进度目标、工期定额、有关技术经济资料、施工部署与主要工程施工方案等编制。

（2）施工总进度计划的内容应包括：编制说明，施工总进度计划表，分期分批施工工程的开工日期、完工日期及工期一览表，资源需要量及供应平衡表等。

4. 编制施工总进度计划的步骤应包括：

（1）收集编制依据。

（2）确定进度控制目标。

（3）计算工程量。

（4）确定各单位工程的施工期限和开、竣工日期。

（5）安排各单位工程的搭接关系。

（6）编写施工进度计划说明书。

5. 单位工程施工进度计划

单位工程是指具有独立设计，可以独立组织施工，但建成后不能独立发挥效益的工程。

建筑群体或工业交通、公共设施建设项目或其单项工程中的每一单位工程、改扩建项目的独立单位工程，在开工前都必须编制详细的单位工程施工进度计划，作为落实施工总进度计划和具体指导单位工程施工的计划文件。

6. 单位工程施工进度计划宜依据下列资料编制：

（1）"项目管理目标责任书"。

（2）施工总进度计划。

（3）施工方案。

（4）主要材料和设备的供应能力。

（5）施工人员的技术素质及劳动效率。

（6）施工现场条件，气候条件，环境条件。

（7）已建成的同类工程实际进度及经济指标。

7. 单位工程施工进度计划应包括下列内容：

（1）编制说明。

（2）进度计划图。

（3）单位工程施工进度计划的风险分析及控制措施。

8. 表达工程进度计划的常用方法有横道图和网络图两种形式。用网络图的形式表达单位工程施工进度计划，能充分显示项目中各工作之间的相互制约和相互依赖关系，并能明确地反映出进度计划中主要矛盾；可以利用计算机进行计算、优化和调整，使施工进度计划更加科学，也使得进度计划的编制和调整更能满足进度控制工作的要求。编制工程网络计划应符合国家、行业现行标准的规定。

9. 各项资源需要量计划可用来确定建筑工地的各项临时设施的需要量，并按计划供应材料、调配人力资源，以保证施工按计划顺利进行。在单位工程施工进度计划正式编制完成后，应着手编制人力资源、主要材料、预制件、半成品、成品、机械设备需要量计划，编制进度控制措施计划，编制资金收支预测计划。以上施工资源或生产要素计划为进度计划的实施提供物质保障。

10. 项目经理应对施工进度计划进行审核，审核的主要内容是：

（1）项目总进度目标和所分解的子目标的内在联系是否合理、能否满足施工合同工期的要求？

（2）计划内容是否全面，有无遗漏项目？

（3）施工程序和作业顺序安排是否正确合理？

（4）各类施工资源计划是否与进度计划实施的时间要求相一致，有无脱节、施工的均衡性如何？

（5）总分包之间和各专业之间，在施工时间和位置的安排上是否合理，有无相互干扰？

（6）项目进度计划的重点和难点是否突出？对风险因素的影响是否有防患对策和应变预案？

（7）项目进度计划是否能保证施工质量和安全的需要？

5.1.3 施工进度计划的实施

1. 施工进度计划应通过编制年、季、月、旬、周施工进度计划实现，这些施工进度计划应逐级落实，最终通过施工任务书由班组实施。

当施工项目的计划总工期跨越一个年度以上时，须根据施工总进度计划的施工顺序，分出不同年度的施工内容，编制年度施工进度计划。并在此基础上按照均衡施工原则，编制各季度施工进度计划。年度和季度施工进度计划，均属控制性计划，确定并控制项目施工总进度的重要节点目标。

月、旬（或周）施工进度计划是实施性的作业计划。作业计划应分别在每月、旬（或周）末，由项目经理部提出目标和作业项目，通过工地例会协调之后编制。

2. 在施工进度计划实施的过程中应进行下列工作：

（1）跟踪计划的实施进行监督，当发现进度计划执行受到干扰时，应采取调度措施。

（2）在计划图上进行实际进度记录，并跟踪记载每个施工过程的开始日期、完成日期，记录每日完成数量、施工现场发生的情况、干扰因素的排除情况。

（3）执行施工合同中对进度、开工及延期开工、暂停施工、工期延误、工程竣工的承诺。

（4）跟踪形象进度，对工程量、总产值、耗用的人工、材料和机械台班等的数量进行统计与分析，编制统计报表。

（5）落实控制进度措施应具体到执行人、目标、任务、检查方法和考核办法。

（6）处理进度索赔。

"调度措施"是使施工进度计划顺利实施的重要手段。其主要任务是掌握计划实施情况，协调各方面关系，采取措施，解决各种矛盾，实现动态平衡，保证作业计划和进度目标的实现。调度措施实质上即组织协调。

3. 分包人应根据项目施工进度计划编制分包工程施工进度计划并组织实施。项目经理部应将分包工程施工进度计划纳入项目进度控制范畴，并协助分包人解决项目进度控制中的相关问题。

4. "资源供应进度计划"是对项目施工所需资源的预测和安排，是指导和组织项目的物资采购、加工、运输、储备和使用的依据。其根本作用是保证项目的资源需要，保证按施工进度计划组织施工。

5. 在进度控制中，应确保资源供应进度计划的实现，以此保证施工进度计划的实现。因此，应经常定期地对资源供应计划的目标值和实际进行比较，找出差异，及时分析原因并调整计划。当出现下列情况时，应采取措施处理：

（1）当发现资源供应出现中断、供应数量不足或供应时间不能满足要求时。

（2）由于工程变更引起资源需求的数量变更和品种变化时，应及时调整资源供应计划。

（3）当发包人提供的资源供应进度发生变化不能满足施工进度要求时，应敦促发包人执行原计划，并对造成的工期延误及经济损失进行索赔。

5.1.4 施工进度计划的检查与调整

1. 对施工进度计划进行检查应依据施工进度计划实施记录进行。

2. 施工进度计划检查应采取日检查或定期检查的方式进行，应检查下列内容：

（1）检查期内实际完成和累计完成工程量。

（2）实际参加施工的人力、机械数量及生产效率。

（3）窝工人数、窝工机械台班数及其原因分析。

（4）进度偏差情况。

（5）进度管理情况。

（6）影响进度的特殊原因及分析。

项目经理部应对日施工作业效率、周（旬）作业进度及月作业进度分别进行检查，对施工作业完成情况做出记录。

3. 实施检查后，应向企业提供月度施工进度报告，月度施工进度报告应包括下列内容：

（1）进度执行情况的综合描述。

（2）实际施工进度图。

（3）工程变更、价格调整、索赔及工程款收支情况。

（4）进度偏差的状况和导致偏差的原因分析。

（5）解决问题的措施。

（6）计划调整意见。

"进度执行情况的综合描述"主要内容是：报告的起讫期；当地气象及晴雨天数统计；施工计划的原定目标及实际完成情况；报告期内现场的主要大事记（如停水、停电、事故处理情况，收到业主、监理工程师、设计单位等指令文件情况）。

4. 施工进度计划在实际中的调整必须依据施工进度计划检查结果进行。施工进度计划调整应包括：施工内容，工程量，起止时间，持续时间，工作关系和资源供应六个方面。

在施工进度计划调整中，工作关系的调整主要是指施工顺序的局部改变或作业过程相互协作方式的重新确认，目的在于充分利用施工的时间和空间进行合理交叉衔接，从而达到改善进度计划的目的。

5. 调整施工进度计划应采用科学的调整方法，并应编制调整后的施工进度计划。

6. 在施工进度计划完成后，项目经理部应及时进行施工进度控制总结。

总结时应依据下列资料：

（1）施工进度计划。

（2）施工进度计划执行的实际记录。

（3）施工进度计划检查结果。

(4) 施工进度计划的调整资料。
7. 施工进度控制总结应包括下列内容:
(1) 合同工期目标及计划工期目标完成情况。
(2) 施工进度控制经验。
(3) 施工进度控制中存在的问题及分析。
(4) 科学的施工进度计划方法的应用情况。
(5) 施工进度控制的改进意见。

5.2 施工成本控制

5.2.1 建筑安装工程费用项目的组成

1. 直接工程费指施工过程中耗费的构成工程实体的各项费用,包括人工费、材料费和施工机械使用费。
2. 措施费是指为完成工程项目施工,发生于该工程施工前和施工过程中非工程实体项目的费用。一般包括下列11个项目:环境保护费,文明施工费用,安全施工费,临时设施费,夜间施工费,二次搬运费,大型机械设备进出场及安拆费,混凝土、钢筋混凝土模板及支架费,脚手架费,已完工程及设备保护费和施工排水、降水费。

直接工程费和措施费组成直接费。

3. 规费是指政府和有关权力部门规定必须缴纳的费用,包括工程排污费,工程定额费,社会保障费(包括养老保险费、失业保险费和医疗保险费),住房公积金和危险作业意外伤害保险。
4. 企业管理费是指建筑安装企业组织施工生产和经营管理所需的费用。包括以下项目:管理人员工资、办公费、差旅交通费、固定资产使用费、工具使用费、劳动保险费、工会经费、职工教育经费、财产保险费、财务费、税金和其他费用。

规费和企业管理费组成间接费。

5. 利润是指施工企业完成所承包工程获得的盈利。

6. 建筑安装工程税金是指国家税法规定的应计入建筑安装工程造价的营业税、城市维护建设税和教育费附加。

5.2.2 项目成本控制的基本要求

项目成本控制包括成本预测、计划、实施、核算、分析、考核、整理成本资料与编制成本报告。

1. 施工项目成本控制是一项全面的系统的管理过程；成本应实现"项目管理目标责任书"中的责任目标。

2. 项目经理部应对施工过程发生的、在项目经理部管理职责权限内能控制的各种消耗和费用进行成本控制。项目经理部承担的成本责任与风险应在"项目管理目标责任书"中明确。

3. 企业应建立和完善项目管理层作为成本控制中心的功能和机制，并为项目成本控制创造优化配置生产要素，实施动态管理的环境和条件。

施工项目成本和利润的关系是：

$$价格 - 计划成本 = 计划利润$$

实施项目成本控制活动，应该按照以下关系来考虑问题：

$$价格 - 计划利润 = 计划成本$$

因此，企业决策层和企业管理层主要考虑利润目标及其实现的途径和对策，成为盈利计划中心；余下的作为计划成本，由项目经理部通过优化施工方案和管理措施，确保在计划成本范围内完成质量符合规定标准的施工任务，以保证预期利润目标的实现，成为成本控制中心。

4. 项目经理部应建立以项目经理为中心的成本控制体系，按内部各岗位和作业层进行成本目标分解，明确各管理人员和作业层的成本责任、权限及相互关系。

5. 成本控制应按下列程序进行：

（1）企业进行项目成本预测。

（2）项目经理部编制成本计划。

(3) 项目经理部实施成本计划。

(4) 项目经理部进行成本核算。

(5) 项目经理部进行成本分析并编制月度及项目的成本报告。

(6) 编制成本资料并按规定存档。

6. 项目经理部每月应编制当月的成本报告，反映成本目标的执行情况，循环反复，滚动核算分析和纠偏，完成施工项目成本控制的全过程。

5.2.3 成本计划

1. 企业应按下列程序确定项目经理部的责任目标成本：

(1) 在施工合同签订后，由企业根据合同造价、施工图和招标文件中的工程量清单，确定正常情况下的企业管理费、财务费用和制造成本。

(2) 将正常情况下的制造成本确定为项目经理的可控成本，形成项目经理的责任目标成本。

责任目标成本是承包人要求项目经理负责实施和控制的目标成本。

2. 项目经理在接受企业法定代表人委托之后，应通过主持编制项目管理实施规划寻求降低成本的途径，组织编制施工预算，确定项目的计划目标成本。

3. 施工预算是项目经理部的计划目标成本，也称现场目标成本，它应根据最经济合理的施工方案和该企业的施工定额进行编制。

4. 项目经理部编制施工预算应符合下列规定：

(1) 以施工方案和管理措施为依据，按照本企业的管理水平、消耗定额、作业效率等进行工料分析，根据市场价格信息，编制施工预算。

(2) 当某些环节或分部分项工程施工条件尚不明确时，可按照类似工程施工经验或招标文件所提供的计量依据计划暂估费用。

（3）施工预算应在工程开工前编制完成。

5. 项目经理部应编制"目标成本控制措施表"，并将各分部分项工程成本控制目标和要求，各成本要素的控制目标和要求，落实到成本控制的责任者，并应对确定的成本控制措施、方法和时间进行检查和改善。

6. 项目计划目标成本的分解是使目标进一步细化，通常的分解方法是按成本要素分解和按工程部位分解相结合，以便有针对性地制定控制措施。

项目经理部进行目标成本分解应符合下列要求：

（1）按工程部位进行项目成本分解，为分部分项工程成本核算提供依据。

（2）按成本项目进行成本分解，确定项目的人工费、材料费、机械台班费、其他直接费和间接成本的构成，为施工生产要素的成本核算提供依据。

5.2.4 成本控制运行

1. 施工项目成本控制宜采用目标管理的方法，发挥约束和激励机制的作用，有效地进行全面控制。

项目经理部应坚持按照增收节支、全面控制、责权利相结合的原则，用目标管理方法对实际施工成本的发生过程进行有效控制。

2. 项目经理部应根据计划目标成本的控制要求，做好施工采购策划，通过生产要素的优化配置、合理使用、动态管理、有效控制实际成本。

施工生产要素的配置应根据计划的目标成本进行询价、采购或劳务分包，实施量和价的预控，贯彻"先算后买"的原则。

3. 项目经理部应加强施工定额管理和施工任务单管理，控制活劳动和物化劳动的消耗。

用工和材料、设备消耗控制，既要按照施工定额和施工任务单控制实际消耗量的发生，如合理用工、用料和节约用工、用料等，也要控制施工的结果（产品）符合质量要求。

4. 项目经理部应加强施工调度，避免因施工计划不周和盲目调度造成窝工损失、机械利用率降低、物料积压等而使施工成本增加。

科学的计划管理和施工调度，应重点做到以下几点：

（1）周密进行施工部署，使各专业工种连续均衡施工；

（2）随时掌握施工作业进度变化，健全施工例会，及时加强调度，搞好施工协调；

（3）合理配备主辅施工机械，明确划分使用范围和作业任务，提高其利用率和使用效率；

（4）合理确定劳动力和机械设备的进场和退场时间，减少盲目调集而造成的窝工损失。

5. 项目经理部应加强施工合同管理和施工索赔管理，正确运用施工合同条件和有关法规，及时进行索赔。

在项目成本控制过程中，项目经理部应及时按规定程序做好变更签证、施工索赔所引起的施工费用增减变化的调整处理，防止施工效益流失，做好以下几方面工作：

（1）按发包人或监理工程师的指令执行设计变更。

（2）非承包人原因导致的施工条件变化，经监理工程师确认批准的施工方案或措施的变更。

（3）因发包人提供施工图纸的时间延误或按合同规定应由发包人提供的其他施工条件不能按规定落实到位，影响施工进度而造成工期延误和经济损失。

5.2.5 成本核算

1. 项目经理部应根据财务制度和会计制度的有关规定，在企业职能部门的指导下，建立项目成本核算制度，明确项目成本核算的原则、范围、程序、方法、内容、责任及要求，并设置核算台账，记录原始数据。

2. 施工过程中项目成本核算，宜以每月为一核算期，在月末进行。核算对象应按单位工程划分，并与施工项目管理责任目标成本的界定范围相一致。项目成本核算应坚持施工形象进度、施工产值统计、实际成本归集"三同步"的原则。施工产值及实际成本的归集，宜按照下列方法进行：

（1）应按照统计人员提供的当月完成工程量的价值及有关规定，扣减各项上缴税费后作为当期工程结算收入。

（2）人工费应按照劳动管理人员提供的用工分析和受益对象进行账务处理，计入工程成本。

（3）材料费应根据当月项目材料消耗和实际价格，计算当期消耗，计入工程成本；周转材料应实行内部调配制，按照当月使用时间、数量、单价计算，计入工程成本。

（4）机械使用费按照项目当月使用台班和单价计入工程成本。

（5）其他直接费应根据有关核算资料进行账务处理，计入工程成本。

（6）间接成本应根据现场发生的间接成本项目的有关资料进行账务处理，计入工程成本。

项目经理部在施工过程中的项目成本跟踪核算，应该做到口径统一，有可比性，账账相符，账实相符，坚持"三同步"原则，认真抓好实际成本归集的关键环节。

3. 项目成本核算应采取会计核算、统计核算和业务核算相结合的方法，并应做下列比较分析：

（1）实际成本与责任目标成本的比较分析；

（2）实际成本与计划目标成本的比较分析。

项目经理部对项目成本核算的比较分析，应能找出具体核算对象成本节超的数额和原因，以便及时采取对策，防止偏差积累而导致总成本目标失控。

4. 项目经理部应在跟踪核算分析基础上，编制月度项目成本报告，上报企业成本主管部门进行指导检查和考核。

5. 项目经理部应在每月分部分项成本的累计偏差和相应的计划目标成本余额的基础上，通过对未完分部分项工程施工成本的预测，把握其计划成本的余量及后续工程施工的相应部位施工成本即后期成本的变化趋势和状况；根据偏差原因制定改善成本控制的措施，控制下月施工任务的成本，有的放矢地进行循环控制。

5.2.6 成本分析与考核

1. 项目经理部进行成本分析可采用下列方法：

（1）按照量价分离的原则，用对比法分析影响成本节超的主要因素。包括：实际工程量与预算工程量的对比分析，实际消耗量与计划消耗量的对比分析，实际采用价格与计划价格的对比分析，各种费用实际发生额与计划支出额的对比分析。

（2）在确定施工项目成本各因素对计划成本影响的程度时，可采用连环置换法或差额计算法进行成本分析。

项目经理部对项目成本分析方法的选择，应能使分析结果揭示量差和价差的单因素影响情况及其综合影响的效果，以便为成本控制提供明确的方向和依据。

2. 项目经理部应将成本分析的结果形成文件，为成本偏差的纠正与预防、成本控制方法的改进、制定降低成本措施、改进成本控制体系等提供依据。

项目施工过程的成本分析目的在于指导后续施工的成本管理和控制，项目经理部应及时组织项目管理人员研究成本分析文件资料，沟通成本信息，增强成本意识，并群策群力寻求改善成本的对策与途径。

3. 项目成本考核应分层进行：企业对项目经理部进行成本管理考核；项目经理部对项目内部各岗位及各作业队进行成本管理考核。

4. 项目成本考核内容应包括：计划目标成本完成情况考核，成本管理工作业绩考核。

5. 项目成本考核是贯彻项目成本责任制的重要手段，也是项目管理激励机制的体现。企业和项目经理部都应建立和健全项目成本考核的组织，公正、公平、真实、准确地评价项目经理部及管理人员的工作业绩和问题。

6. 项目成本考核应按照下列要求进行：

（1）企业对施工项目经理部进行考核时，应以确定的责任目标成本为依据。

（2）项目经理部应以控制过程的考核为重点，控制过程的考核应与竣工考核相结合。

（3）各级成本考核应与进度、质量、安全等指标的完成情况相联系。

（4）项目成本考核的结构应形成文件，为奖罚责任人提供依据。

6 项目合同管理、信息管理、生产要素管理与组织协调

6.1 项目合同管理

6.1.1 项目合同管理的基本知识

1. 合同管理是工程项目管理的重要内容之一。项目合同管理包括合同订立、履行、变更、索赔、解除、终止、解决争议等过程，并应当遵守《合同法》。这是由《合同法》和《建筑法》的立法目的及其内容所决定的。《合同法》是民法的重要组成部分，是市场经济的基本法律制度。《建筑法》是我国工程建设的法律，其颁布实施，为加强建筑活动的监督管理、维护建筑市场秩序和合同当事人的合法权益，保证建设工程质量和安全，提供了明确目标和法律保障。

2. 施工合同的主体是发包人和承包人，其法律行为应由法定代表人行使。项目经理应按照承包人订立的施工合同认真履行所承接的任务，依照施工合同的约定，行使权利，履行义务。

3. 发包人和承包人应按《合同法》的规定，确定施工合同的各项履行规则。

4. 承包人为履行工程施工合同，还需要订立施工所必需的各类合同，如分包合同、买卖合同、租赁合同、借款合同、保险合同等，这些合同应与施工合同共同构成项目合同管理的范围。

5. 承包人在投标前应按质量管理体系文件的要求进行合同评审。

承包人的合同评审主要是对施工合同条件是否表达明确、发包人与合同条件不一致的要求是否已解决、承包人内部对合同的要求是否已经理解和达成共识、是否有能力全面正确履行合同等问题进行评审。

6. 订立合同的形式主要有书面形式、口头形式和其他形式。

施工合同和分包合同必须以书面形式订立。施工过程中的各种原因造成的洽商变更内容，必须以书面形式签订，并作为合同的组成部分。

书面合同一般适用于合同标的价款或报酬金额较多、履行合同周期较长、内容较复杂、有不能及时清结的经济往来的情况（洽商变更等）。书面合同可以加强当事人的责任感，促使认真履行合同，便于国家合同主管机关对合同订立、履行进行检查、监督和管理，便于索赔，发生纠纷时举证方便或有利于当事人坚持权利，也便于人民法院或仲裁机关依法审判和裁决。

6.1.2 施工项目投标

1. 建设工程投标是指投标人在同意招标人拟订好的招标文件的前提下，对招标项目提出自己的报价和相应条件，通过竞争以求获得招标项目的行为。

2. 投标人应具有工程要求的相应的建筑业企业资质等级及招标文件规定的资格条件。

《招标投标法》明确规定：投标人是响应招标，参加投标竞争的法人或者其他组织。投标人应当具备承担招标项目的能力；国家有关规定对投标人资格条件或者招标文件对投标人资格条件有规定的，投标人还应具备规定的资格条件。两个以上法人或者其他组织可以组成一个联合体，以一个投标人的身份共同投标。联合体各方均应具备承担招标项目的相应能力；国家有关规定或者招标文件对投标人资格条件有规定的，联合体各方均应当具备规定的相应的资格条件。由同一专业的单位组成的联合体，按照资质等级较低的单位确定资质等级。联合体各方应当签订共同投标协议，明确约定各方拟承担的工作和责任，并将共同投标协议连同投标文件一并提交招标人。联合体中标的，联合体各方应当共同与招标人签订合同，就中标项目向招标人承担连带责任。所谓"连带责任"，是指多数当事人中的任何一人都有要求全部清偿债务的权利或承担全部债务的义务的责任。连带责任分为连带债权和连带债务两种。

3. 有关投标人的法律禁止性规定

（1）禁止投标人之间串通投标

投标人之间相互约定抬高或压低投标报价；

投标人之间相互约定，在招标项目中分别以高、中、低价位报价；

投标人之间先进行内部竞价，内定中标人，然后再参加投标；

投标人之间其他串通投标报价的行为。

（2）禁止投标人与招标人之间串通投标

招标人在开标前开启投标文件，并将投标情况告知其他投标人，或者协助投标人撤换投标文件，更改报价；

招标人向投标人泄露标底；

招标人与投标人商定，投标时压低或抬高标价，中标后再给投标人或招标人额外补偿；

招标人预先内定中标人。

（3）其他串通投标行为

投标人不得以行贿的手段谋取中标；

投标人不得以低于成本的报价竞标；

投标人不得以非法手段骗取中标。

（4）其他禁止行为

非法挂靠或借用其他企业的资质证书参加投标；

投标文件中故意在商务上和技术上采用模糊的语言骗取中标，中标后提供低档劣质货物、工程或服务；

投标时递交假业绩证明、资格文件；假冒法定代表人签名，私刻公章，递交假的委托书等。

4. 投标人在取得招标文件后由企业法定代表人确定项目经理及主要技术、经济及管理人员。

5. 投标人应组织有关人员全面、深入地分析和研究招标文件，着重掌握招标人对工程的实质性要求与条件、分析投标风险、工程难易程度及职责范围，确定投标报价策略，按照招标文件的要求编制投标文件。投标文件应对招标文件提出的实质性要求和条件做出响应。投标人根据招标文件载明的项目实际情况，拟在中标后将中标项目的部分非主体、非关键工作进行分包的，应当在投标文件中载明。

6. 对招标文件分析研究的主要内容是：

（1）招标人或招标文件明示的或隐含的各项要求，包括合同条件中对工期、质量等方面的要求，物资供应和环境保护要求等。

（2）工程所需要的新技术、新工艺、新材料和新设备的技术供应能力。

（3）工程特点、现场条件、物资供应、地质水文条件和地理环境等现场考察和环境调查。

（4）招标文件中关于风险及其分担的原则或规定。

（5）校核招标文件中的工程量清单。

7. 投标文件包括投标函部分、商务部分和技术部分，并由下列文件组成：

（1）协议书。

（2）投标书及其附录，包括投标函、投标报价、施工组织设计、商务和技术偏差（偏离）表等。

（3）合同条件（含通用条件及专用条件）。

（4）投标保证金（或投标保函）。

（5）法定代表人资格证书及其授权委托书。

（6）具有标价的工程量清单及报价表。

（7）辅助资料表，主要是指承包人拟派出的施工项目经理、总工程师及其他主要管理人员的简历、业绩等情况资料,以及拟用于完成该工程项目的主要施工机械设备的配备清单等。

(8) 资格审查表(已进行过资格预审的除外)。

(9) 招标文件规定应提交的其他文件。

8. 投标报价的方法

《建筑工程施工发包和承包计价管理办法》(中华人民共和国建设部令第107号)规定施工图预算、招标标底和投标报价由成本(直接费、间接费)、利润和税金构成。其编制可以采用以下计价方法:

(1) 工料单价法。分部分项工程量的单价为直接费。直接费以人工、材料机械的消耗量及其相应价格确定。间接费、利润、税金按照有关规定另行计算。

(2) 综合单价法。分部分项工程量的单价为全费用单价。全费用单价综合计算完成分部分项工程所发生的直接费、间接费、利润、税金。

工料单价法就是按预算方式报价,综合单价法就是所谓的工程量清单报价法。

在投标时,根据招标文件的要求报价。

9. 投标人应在招标文件要求的提交投标文件的截止日期前,将密封的投标文件送达投标地点。在提交投标文件截止时间后到招标文件规定的投标有效期终止之前,投标人不得补充、修改、替代或者撤回其投标文件。投标人补充、修改、替代投标文件的,招标人不予接受;投标人撤回投标文件的,其投标保证金将被没收。

10. 《招标投标法》规定:中标通知书对招标人和中标人具有法律效力。中标通知书发出后,招标人改变中标结果的,或者中标人放弃中标项目,应当依法承担法律责任。

招标人和中标人应当自中标通知书发出之日起30日内,按照招标文件和中标人的投标文件订立书面合同。招标文件要求中标人提交履约保证金的,中标人应当提交。

中标人应当按照合同约定履行义务，完成中标项目。中标人不得向他人转让中标项目，也不得将中标项目肢解后分别向他人转让。中标人按照合同约定或经招标人同意，可以将中标项目的部分非主体、非关键性工作分包给他人完成。接受分包的人应当具备相应的资格条件，并不得再次分包。中标人应当就分包项目向招标人负责，接受分包的人就分包项目承担连带责任。

6.1.3 合同的订立

1. 订立施工合同应符合下列原则：

（1）合同当事人的法律地位平等。一方不得将自己的意志强加给另一方。

（2）当事人依法享有自愿订立合同的权利，任何单位和个人不得非法干预。

（3）当事人确定各方的权利和义务应当遵守公平原则。

（4）当事人行使权利、履行义务应当遵循诚实信用原则。

（5）当事人应当遵守法律、行政法规和社会公德，不得扰乱社会经济秩序，不得损害社会公共利益。

2. 合同的谈判

（1）订立施工合同的谈判，应根据招标文件的要求，结合合同实施中可能发生的各种情况进行周密、充分的准备，按照"缔约过失责任原则"保护企业的合法权益。

（2）订立施工合同前谈判的依据是招标文件，特别是招标文件中的合同条款。合同条款分为通用条款和专用条款两部分。《建设工程施工合同（示范文本）》（简称《示范文本》）的通用条款共11方面，47条。所谓"通用条款"，即根据国家的法律法规，参照国际惯例，结合土木工程施工的要求，规定的合同双方当事人应尽的合同义务和享有的权利，是合同谈判的依据。所谓"专用条款"，即结合具体工程，根据通用条款，双方就合同协商的结果。

3. 合同谈判的主要内容包括：

(1) 关于工程内容和工程范围的确认。
(2) 关于技术要求、技术规范和施工技术方案。
(3) 关于合同价格条款。
(4) 关于价格调整条款。
(5) 关于合同款支付方式的条款。
(6) 关于工期和维修期。
(7) 关于完善合同条件的问题。

4. 承包人与发包人订立施工合同应符合下列程序：
(1) 接受中标通知书。
(2) 组成包括项目经理的谈判小组。
(3) 草拟合同专用条件。
(4) 谈判。
(5) 参照发包人拟定的合同条件或施工合同示范文本与发包人订立施工合同。
(6) 合同双方在合同管理部门备案并缴纳印花税。

5. 施工合同文件组成及其优先顺序应符合下列要求：
(1) 协议书。
(2) 中标通知书。
(3) 投标书及其附件。
(4) 专用条款。
(5) 通用条款。
(6) 标准、规范及有关技术文件。
(7) 图纸。
(8) 具有标价的工程量清单。
(9) 工程报价单或施工图预算书。

施工合同文件组成还应具备其他文件：发包人与承包人就有关工程的洽商、变更等书面协议或文件。《示范文本》规定合同文件由9部分组成。文件的优先顺序是因为合同文件应能相互解释，互为说明；但如果有矛盾时，则按后者服从前者的所谓"优先顺序"加以认定或处理。

6. 承包人经发包人同意或按照合同约定，可将承包项目的部分非主体工程、非关键工作分包给具备相应的资质条件的分包人完成，并与之订立分包合同。分包合同应符合下列要求：

（1）分包人应按照分包合同的各项规定，实施和完成分包工程，修补其中的缺陷，提供所需的全部工程监督、劳务、材料、工程设备和其他物品，提供履约担保、进度计划，不得将分包工程进行转让或再分包。

（2）承包人应提供总包合同（工程量清单或费率所列承包人的价格细节除外）供分包人查阅。

（3）分包人应当遵守分包合同规定的承包人的工作时间和规定的分包人的设备材料进出场的管理制度。承包人应为分包人提供施工现场及其通道；分包人应允许承包人和监理工程师等在工作时间内合理进入分包工程的现场，并提供方便，做好协助工作。

（4）分包人延长竣工时间应根据下列条件：承包人根据总包合同延长总包合同竣工时间；承包人指示延长；承包人违约。分包人必须在延长开始14天内将延长情况通知承包人，同时提交一份证明或报告，否则分包人无权获得延期。

（5）分包人仅从承包人处接受指示，并应执行其指示。如果上述指示从总包合同来分析是监理工程师失误所致，则分包人有权要求承包人补偿由此而导致的费用。

（6）分包人应根据以下指示变更、增补或删减分包工程：监理工程师根据总包合同做出的指示再由承包人作为指示通知分包人；承包人的指示。

7. 分包合同文件组成及优先顺序应符合下列要求：

（1）分包合同协议书。

（2）承包人发出的分包中标书。

（3）分包人的报价书。

（4）分包合同条件。

（5）标准规范、图纸、列有标价的工程量清单。

（6）报价单或施工图预算书。

6.1.4 合同文件的履行

1. 项目经理部必须履行施工合同，并应在施工合同履行前对合同内容、风险、重点或关键性问题做出特别说明的提示，向各职能部门人员交底，落实根据施工合同确定的目标，依据施工合同指导工程实施和项目管理工作。项目经理部在施工合同履行期间，应注意收集、记录对方当事人违约事实的证据，作为索赔的依据。

2. 项目经理部在施工合同履行前应抓住以下重要问题进行合同分析：

（1）工程的承包范围质量标准和工期要求。

（2）承包人的义务和权利。

（3）工程款的结算、支付方式与条件。

（4）合同变更的处理方式、程序和责任承担。

（5）设计变更、不可抗力影响、物价上涨、工程中止、第三方损害等问题发生时的处理原则和责任承担。

（6）争议的解决方法等。

3. 项目经理部在履行施工合同时应当注意：

（1）必须遵守《合同法》规定的合同履行的各项原则。包括：

全面履行合同。包括实际履行原则和适当履行原则。

诚实信用的原则。诚实信用原则是指当事人在履行合同义务时，秉承诚实、守信、善意、不滥用权利或规避义务的原则。

协作履行原则。协作履行原则，是要求当事人本着团结协作，互相帮助的精神去完成合同的任务，履行各自应尽的义务。

遵守法律、行政法规，尊重社会公德，不得扰乱社会经济秩序、损害社会公共利益。

（2）就承包人而言，履行施工合同的主体是项目经理及项目经理部。

(3) 依法进行合同的变更、索赔、转让、终止和解除。

合同变更,是指合同成立以后至履行完毕之前由双方当事人依法对原合同的内容所进行的修改和补充的协议。《合同法》规定:当事人协商一致,可以变更合同。法律、行政法规规定变更合同应当办理批准、登记等手续的依照其规定。当事人对合同变更的内容约定不明确的,推定为未变更。

合同转让,是指合同当事人依法将合同的全部或者部分权利义务转让给他人的合法行为。合同转让分为合同权利转让,合同义务转让和合同权利义务一并转让。《合同法》规定下列情况不得转让:根据合同性质不得转让,如专属自身的权利不得转让;按照当事人约定不得转让;依照法律规定不得转让。

根据以上规定,承包人不得将施工项目合同进行转让。

(4) 如果发生不可抗力致使合同不能履行或不能完全履行时,应及时向企业报告,并在委托权限内依法及时进行处置。

不可抗力,是指不能预见,不能避免并不能克服的客观情况。

当事人一方因不可抗力不能履行合同的,应当及时通知对方,以减轻可能给对方造成的损失,并应当在合理期限内提供证明。《合同法》作出了关于不可抗力的法律规定。

4. 履行分包合同时,承包人应就承包项目(其中包括分包项目),向发包人负责,分包人就分包项目向承包人负责。由于分包人的过失给发包人造成了损失,承包人承担连带责任。

5. 企业与项目经理部应对施工合同实行动态管理,跟踪收集、整理、分析合同履行中的信息,合理、及时地进行调整。对合同履行应进行预测,及早提出和解决影响合同履行的问题,以回避或减少风险。

6.1.5 合同的变更

1. 施工合同变更的原因

工程变更一般是指在工程施工过程中,根据合同约定对施工的程序、工程的内容、数量、质量要求及标准等做出的变更。

工程变更一般主要有以下几个方面的原因。

(1) 业主新的变更指令,对工程的新要求。如,业主有新的意图,业主修改项目计划,削减项目预算等。

(2) 由于设计人员、监理方人员、承包商事先没有很好的理解业主的意图,或设计的失误,导致图纸修改。

(3) 工程环境的变化,预定的工程条件不准确,要求实施方案或实施计划变更。

(4) 由于产生新技术和知识,有必要改变原设计、原实施方案或实施计划,或由于业主指令及业主责任的原因造成承包商施工方案的改变。

(5) 政府部门对工程新的要求,如国家计划变化、环境保护要求、城市规划变动等。

(6) 由于合同实施出现问题,必须调整合同目标或修改合同条款。

2. 项目经理应随时注意下列情况引起的合同变更:

(1) 工程量增减。

(2) 质量及特性的变更。

(3) 工程标高、基线、尺寸等变更。

(4) 工程的删减。

(5) 施工顺序的改变。

(6) 永久工程的附加工作,设备、材料和服务的变更等。

上述所提出的合同变更由监理工程师提出变更指令,它不同于《示范文本》的"工程变更"或"工程设计变更"。后者由发包人提出并报规划管理部门和其他有关部门重新审查批准。

3. 合同变更应符合下列要求:

(1) 合同各方提出的变更要求应由监理工程师进行审查,经监理工程师同意,由监理工程师向项目经理提出合同变更指令。

(2) 项目经理可根据接受的权利和施工合同的约定,及时向监理工程师提出变更申请,监理工程师进行审查,并将审查结果通知承包人。

6.1.6 违约、索赔、争议

1. 当事人违约责任包括下列情况:

(1) 当事人一方不履行合同义务或履行合同义务不符合合同约定的,应当承担继续履行、采取补救措施或者赔偿损失等责任,而不论违约方是否有过错责任。

(2) 当事人一方因不可抗力不能履行合同的,应对不可抗力的影响部分(或者全部)免除责任,但法律另有规定的除外。当事人延迟履行后发生不可抗力的,不能免除责任。不可抗力不是当然的免责条件。

(3) 当事人一方因第三方的原因造成违约的,应要求对方承担违约责任。

(4) 当事人一方违约后,对方应当采取适当措施防止损失的扩大;否则不得就扩大的损失要求赔偿。

2. 建设工程索赔通常是指在工程合同履行过程中,合同当事人一方因对方不履行或未能正确履行合同或者由于其他非自身因素而受到经济损失或权利损害,通过一定的合法程序向对方提出经济或时间补偿要求的行为。索赔是一种正当的权利要求,它是合同当事人之间一项正常的而且普遍存在的合同管理业务,是一种以法律和合同为依据的合情合理的行为,也是国际工程承包中经常发生的正常经营现象。《合同法》规定:"发包人未按照约定的时间和要求提供原材料、设备、场地、资金、技术资料的,承包人可以顺延工程日期,并有权要求赔偿停工、窝工损失。"

承包人应掌握索赔知识,依法进行索赔。

3. 索赔应当按下列要求进行:

(1) 有正当的索赔理由和充足的证据。

(2) 按施工合同文件中有关规定办理。

（3）认真、如实、合理、正确地计算索赔的时间和费用。

4. 施工项目索赔应具备下列理由之一：

（1）发包人违反合同给承包人造成时间、费用的损失。

（2）因工程变更（含设计变更、发包人提出的工程变更、监理工程师提出的工程变更，以及承包人提出并经监理工程师批准的变更）造成的时间、费用损失。

（3）由于监理工程师对合同文件的歧义解释、技术资料不确切，或由于不可抗力导致施工条件的改变，造成了时间、费用的增加。

（4）发包人提出提前完成项目或缩短工期而造成承包人的费用增加。

（5）发包人延误支付期限造成了承包人的损失。

（6）合同规定以外的项目进行检验，且检验合格，或非承包人的原因导致项目缺陷的修复所发生的损失或费用。

（7）非承包人的原因导致工程暂时停工。

（8）物价上涨，法规变化及其他。

5. 合同争议解决，通常有四种方法可供选择，当事人应执行施工合同规定的争议解决办法。

（1）协商，也称和解。是指合同当事人对所产生的纠纷，采取积极主动的办法，互谅互让，解决分歧和矛盾的一种行之有效的办法。它是解决纠纷诸办法中最好的一种办法，因为这种方法简便易行，迅速及时，能避免当事人经济损失扩大，不伤和气，有利于合作和继续履行合同以及维护当事人的信誉等。

（2）调解。所谓调解，就是指当事人之间发生纠纷后，由第三者在查明事实，分清是非的基础上，采取说服动员的办法从中调和，使双方互相得到谅解，得以解决纠纷的一种活动。调解中应遵循如下基本原则：自愿原则、合法原则和公平合理的原则。调解的方法很多，如当面调解、现场调解、共同调解、分头调解、信函调解，以及仲裁机构和人民法院的先行调解等。《合同法》规定，当事人应当履行发生法律效力的调解书，这种调解书是指仲裁机构或人民法院的调解书。

（3）仲裁和诉讼。较之诉讼，仲裁具有诸多便利性，可以避免经历诉讼中的繁琐程序，可以不公开审理从而保守当事人的商业秘密，可以及时处理争议而节省费用，可以减少当事人之间的感情冲突，从而防止影响日后正常的商务交往等等。

6.1.7 合同终止和评价

1. 合同终止应具备下列条件之一：
（1）施工合同已按约定履行完成。
（2）合同解除。
（3）承包人依法将标的物提存。
2. 合同终止后，承包人应进行合同管理评价：
（1）合同订立过程情况评价。
（2）合同条款的评价。
（3）合同履行情况评价。
（4）合同管理工作评价。

合同管理的评价，它是为确定从投标开始直至合同终止的整个过程或达到规定目标的适宜性、充分性和有效性所进行的活动，这也是实施质量管理体系所必须的工作。

6.2 项目信息管理

6.2.1 项目信息管理的基本要求

1. 项目信息管理应适应项目管理的需要，为预测未来和正确决策提供依据，提高管理水平。项目经理部应建立项目信息管理系统，优化信息结构，实现项目管理信息化。
2. 项目经理部应及时收集信息，并将信息准确、完整地传递给使用单位和人员。
3. 项目信息应包括项目经理部在项目管理过程中形成的各

种数据、表格、图纸、文字、音像资料等。口头信息也是信息，但不能在施工项目管理中作为有效信息。

4. 项目经理部中，可以在各部门中设信息管理员或兼职信息管理人员，也可以在项目经理部中单设信息管理人员或信息管理部门。项目信息管理员必须经有资质的培训单位培训。

5. 项目经理部应负责收集、整理、管理本项目范围内的信息。实行总分包的项目，项目分包人应负责分包范围的信息收集整理，承包人负责汇总、整理各分包人的全部信息。项目经理部应把分包人纳入项目信息管理系统。

6. 项目信息收集应随工程的进展进行，保证真实、准确，按照项目信息管理的要求及时整理，经有关负责人审核签字。

7. 项目信息管理必须贯穿于项目管理的全过程。进行信息管理体系的设计时，应同时考虑项目组织和项目启动的需要，包括信息的准备、收集、标识、分类、分发、编目、更新、归档和检索等。信息应包括事件发生时的条件，以便使用前核查其有效性和相关性。所有影响项目执行的协议，包括非正式协议，都应正式形成文件。

6.2.2 项目信息的内容

1. 项目公共信息

包括法律法规与部门规章信息，市场信息，自然条件信息，新技术信息和其他公用信息。

2. 工程概况信息

包括工程实体概况，场地与环境概况，项目建设各方概况，施工合同和工程造价计算书。

3. 施工信息

包括施工记录信息和施工技术资料信息。

4. 项目管理信息

包括项目管理的各项信息。

6.2.3 项目信息管理系统

1. 经签字确认的项目信息应及时存入计算机。
2. 项目经理部应使项目信息管理系统目录完整、层次清晰、结构严密、表格自动生成。
3. 项目信息管理系统应满足下列要求：
（1）应方便项目信息输入、整理与存储。
（2）应有利于用户提取信息。
（3）应能及时调整数据、表格与文档。
（4）应能灵活补充、修改与删除数据。
（5）信息种类与数量应能满足项目管理的全部需要。
（6）应能使设计信息、施工准备阶段的管理信息、施工过程项目管理各专业的信息、项目结算信息、项目统计信息等有良好的接口。
（7）收集项目信息时，首先应填写信息目录清单。其作用是通过该表让信息管理员或信息使用者尽快找到所需项目的信息。
4. 项目信息管理系统应能连接项目经理部各职能部门、项目经理与各职能部门、项目经理部与劳务作业层、项目经理部与企业各职能部门、项目经理与企业法定代表人、项目经理部与发包人和分包人、项目经理部与监理机构等；应能使项目管理层与企业管理层及劳务作业层信息收集渠道畅通、信息资源共享。

6.3 项目生产要素管理

6.3.1 项目生产要素管理的要求

1. 施工项目的资源配置既有直接面向市场的一面，也有使用企业内部资源的一面。无论通过什么渠道和方式，都应按照资源配置的自身经济规律和价值规律办事，才能充分发挥资源的效能，降低工程成本。因此，企业要通过内部管理体制的改革，改变以往运用行政手段为施工调拨资源的做法，建立适应市场经济要求的资源配置制度和管理机制，其中最重要的就是坚持资源的有偿占用，经济核算和责任考核。

2. 项目生产要素管理应实现生产要素的优化配置、动态控制和降低成本。

优化配置和动态控制是资源管理的两个方面，其目的都是为了降低工程成本；前者是资源管理目标的计划预控，包括资源的选择，资源的配置数量，资源的组合，资源需求时间的确定，资源的周转重复利用方法等，通过项目管理实施规划、施工组织设计予以实现。后者是资源管理目标的过程控制，包括对资源利用率和效率的监督、闲置资源的清退、资源随施工任务的增减变化及时调度等等，通过管理活动予以实现。

3. 项目生产要素管理的全过程应包括生产要素的计划、供应、使用、检查、分析和改进。

6.3.2 项目人力资源管理

1. 项目经理部应根据施工进度计划和作业特点优化配置人力资源，制定劳动力需求计划，报企业劳动管理部门批准，企业劳动管理部门与劳务分包公司签订劳务分包合同。远离企业本部的项目经理部，可在企业法定代表人授权下与劳务分包公司签订劳务分包合同。

施工项目中人力资源的高效率使用，关键在于制定合理的人力资源使用计划。管理部门应审核项目经理部的进度计划和人力资源需求计划，做好以下工作：

（1）要在人力资源需用量计划基础上再编制工种需要计划，防止漏配。必要时根据实际情况对人力资源计划进行调整。

（2）如果现有的人力资源能满足需求，配置时尚应贯彻节约原则；如果现有人力资源不能满足要求，项目经理应向企业申请加配。

（3）人力资源配置应积极可靠，让班组有超额完成指标的可能，以获得奖励，激发工人的劳动积极性。

（4）尽量使施工项目使用的人力资源组织上保持稳定，防止频繁调动。

（5）为保证作业需要，工种组合、技术工人与壮工比例必须配套。

（6）应使人力资源均衡配置以便于管理，达到节约的目的。

施工项目所使用的人力资源无论是来自企业内部的施工队伍，还是企业外部的施工队伍（劳务分包公司），均通过劳务分包合同进行管理。

2. 劳务分包合同的内容应包括：作业任务、应提供的劳动力人数；进度要求及进场、退场时间；双方的管理责任；劳务费计取及结算方式；奖励与处罚条款。

劳务分包费用属于项目成本。劳务分包结算价款不论其实际劳务成本大小，均直接计入项目成本。

3. 项目经理部应对劳动力进行动态管理。劳动力动态管理应包括下列内容：

（1）对施工现场的劳动力进行跟踪平衡、进行劳动力补充与减员，向企业劳动管理部门提出申请计划。

（2）向进入施工现场的作业班组下达施工任务书，进行考核并兑现费用支付和奖惩。

4. 项目经理部应加强对人力资源的教育培训和思想管理；加强对劳务人员作业质量和效率的检查。

6.3.3 项目材料管理

1. 施工项目材料管理的目的是贯彻节约原则，降低工程成本。由于材料费用所占比重较大，因此，加强材料管理是提高企业经济效益的最主要途径。材料管理的关键环节在于材料的采购，材料采购权主要由企业掌握。

2. 采购A类材料，应按采购计划进行。施工项目所需的主要材料和大宗材料（A类材料）应由企业物资部门订货或市场采购，按计划供应给项目经理部。企业物资部门应制定采购计划，审定供应人，建立合格供应人目录，对供应方进行考核，签订供货合同，确保供应工作质量和材料质量。项目经理部应及时向企业物资部门提供材料需要计划。远离企业本部的项目经理部，可在法定代表人授权下就地采购。

3. 施工项目所需的特殊材料和零星材料（B类和C类材料）应按承包人授权由项目经理部采购。项目经理部应编制采购计划，报企业物资部门批准，按计划采购。特殊材料和零星材料的品种，在"项目管理目标责任书"中约定。项目经理部材料管理的主要任务应集中于提出需用量计划，控制材料使用，加强现场管理，完善材料节约措施，组织材料的结算和回收。

4. 项目经理部的材料管理应满足下列要求：

（1）按计划保质、保量、及时供应材料。

（2）材料需要量计划应包括材料需要量总计划、年计划、季计划、月计划、日计划。

（3）材料仓库的选址应有利于材料的进出和存放，符合防火、防雨、防盗、防风、防变质的要求。

（4）进场的材料应进行数量验收和质量认证，做好相应的验收记录和标识。不合格的材料应更换、退货或让步接收（降级使用），严禁使用不合格的材料。

（5）材料的计量设备必须经具有资格的机构定期检验，确保计量所需要的精确度。检验不合格的设备不允许使用。

（6）进入现场的材料应有生产厂家的材质证明（包括厂名、品种、出厂日期、出厂编号、试验数据）和出厂合格证。要求复验的材料要有取样送检证明报告。新材料未经试验鉴定，不得用于工程中。现场配制的材料应经试配，使用前应经认证。

（7）材料储存应满足下列要求：

入库的材料应按型号、品种分区堆放，并分别编号、标识。易燃易爆的材料应专门存放、专人负责保管，并有严格的防火、防爆措施。

有防湿、防潮要求的材料，应采取防湿、防潮措施，并做好标识。

有保质期的库存材料应定期检查，防止过期，并做好标识。易损坏的材料应保护好外包装、防止损坏。

（8）应建立材料使用限额领料制度。超限额的用料，用料前应办理手续，填写领料单，注明超耗原因，经项目经理部材料管理人员审批。

（9）建立材料使用台账、记录使用和节超状况。

（10）应实施材料使用监督制度。材料管理人员应对材料使用情况进行监督；做到工完、料净、场清；建立监督记录；对存在的问题应及时分析和处理。

（11）班组应办理剩余材料退料手续。设施用料、包装物及容器应回收，并建立回收台账。

（12）制定周转材料保管、使用制度。

6.3.4 项目机械设备管理

1. 项目所需机械设备可从企业自有机械设备调配，或租赁，或购买，提供给项目经理部使用。远离公司本部的项目经理部，可由企业法定代表人授权，就地解决机械设备来源。

2. 项目经理部应编制机械设备使用计划报企业审批。对进场的机械设备必须进行安装验收，并做到资料齐全准确。进入现场的机械设备在使用中应做好维护和管理。

3. 项目经理部应采取技术、经济、组织、合同措施保证施工机械设备合理使用，提高施工机械设备的使用效率，用养结合，降低项目的机械使用成本。

4. 机械设备操作人员应持证上岗、实行岗位责任制，严格按照操作规范作业，搞好班组核算，加强考核和激励。

6.3.5 项目技术管理

1. 项目经理部应根据项目规模设项目技术负责人。项目经理部必须在企业总工程师和技术管理部门的指导下，建立技术管理体系，具体工作包括：技术管理岗位与职责的明确、技术管理制度的制定、技术组织措施的制定和实施、施工组织设计编制及实施、技术资料和技术信息管理。项目技术负责人可以是总工程师、主任工程师、工程师或技术员。

2. 项目经理部的技术管理应执行国家技术政策和企业的技术管理制度。项目经理部可自行制定特殊的技术管理制度，并报企业总工程师审批。

3. 项目经理部的技术管理工作包括下述内容：

（1）技术管理基础工作，包括：实行技术责任制，执行技术标准与规程，制定技术管理制度，开展科学研究，强化技术文件管理。

（2）施工过程的技术管理工作，包括：施工工艺管理，材料试验与检验，计量工具与设备的技术核定，质量检查与验收，技术处理等。

（3）技术开发管理工作，包括：新技术、新工艺、新材料、新设备的采用，提出合理化建议，技术攻关等。

（4）技术经济分析与评价。

4. 项目技术负责人应履行下列职责：

（1）主持项目的技术管理。

（2）主持制定项目技术管理工作计划。

（3）组织有关人员熟悉与审查图纸、主持编制项目管理实施规划的施工方案并组织落实。

（4）负责技术交底。

（5）组织做好测量及其核定。

（6）指导质量检验和试验。

（7）审定技术措施计划并组织实施。

（8）参加工程验收，处理质量事故。

（9）组织各项技术资料的签证、收集、整理和归档。

（10）领导技术学习，交流技术经验。

(11) 组织专家进行技术攻关。

5. 项目经理部的技术工作应符合下列要求：

(1) 项目经理部在接到工程图纸后，按过程控制程序文件要求进行内部审查，并汇总意见。

(2) 项目技术负责人应参与发包人组织的设计会审，提出设计变更意见，进行一次性设计变更洽商。

(3) 在施工过程中，如发现设计图纸中存在问题，或因施工条件变化必须补充设计，或需要材料代用，可向设计人提出工程变更洽商书面资料。工程变更洽商应由项目技术负责人签字。

(4) 编制施工方案。

(5) 技术交底必须贯彻施工验收规范、技术规程、工艺标准、质量检验评定标准等要求。书面资料应由签发人和审核人签字，使用后归入技术资料档案。

(6) 项目经理部应将分包人的技术管理纳入技术管理体系，并对其施工方案的制定、技术交底、施工试验、材料试验、分项工程预检和隐检、竣工验收等进行系统的过程控制。

(7) 对后续工序质量有决定作用的测量与放线、模板、翻样、预制构件吊装、设备基础、各种基层、预留孔、预埋件、施工缝等应进行施工预检并做好记录。

(8) 各类隐蔽工程应进行隐检、做好隐检记录、办理隐检手续，参与各方责任人应确认、签字。

(9) 项目经理部应按项目管理实施规划和企业的技术措施纲要实施技术措施计划。

(10) 项目经理部应设技术资料管理人员，做好技术资料的收集、整理和归档工作，并建立技术资料台账。

6.3.6 项目资金管理

1. 项目资金管理应保证收入、节约支出、防范风险和提高经济效益。项目资金收入渠道主要有预收工程备料款、已完施工价款结算、银行贷款、企业自有资金。

"保证收入"是指项目经理部应及时向发包人收取工程预付备料款,做好分期核算、预算增减账、竣工结算等工作。

"节约支出"是指用资金支出过程控制方法对人工费、材料费、施工机械使用费、临时设施费、其他直接费和施工管理费等各项支出进行严格监控,坚持节约原则,保证支出的合理性。

"防范风险"主要是指项目经理部对项目资金的收入和支出做出合理的预测,对各种影响因素进行正确评估,最大限度地避免资金的收入和支出风险。

2. 为了保证项目资金使用的独立性,企业的财务部门应设立项目专用账号由财务部门直接对外,所有资金的收支均按财会制度的要求由财务部门对外运作,资金进入财务部门后,按照承包人的资金使用制度分流到项目,项目经理部作为项目资金的直接使用者进行责任范围内的资金管理。

3. 项目经理部应根据施工合同、承包造价、施工进度计划、施工项目成本计划、物资供应计划等编制项目年、季、月度资金收支计划,报请企业财务负责人批准并监督实施。

4. 项目经理部应按企业授权配合企业财务部门及时进行资金计收。资金计收应符合下列要求:

(1) 新开工项目按工程施工合同收取预付款或开办费。

(2) 根据月度统计报表编制"工程进度款结算单",在规定日期内报监理工程师审批、结算。如发包人不能按期支付工程进度款且超过合同支付的最后限期,项目经理部应向发包人出具付款违约通知书,并按银行的同期贷款利率计息。

(3) 根据工程变更记录和证明发包人违约的材料,及时计算索赔金额,列入工程进度款结算单。

(4) 发包人委托代购的工程设备或材料,必须签订代购合同,收取设备订货预付款或代购款。

(5) 工程材料价差应按规定计算,发包人应及时确认,并与进度款一起收取。

(6) 工期奖、质量奖、措施奖、不可预见费及索赔款应根据施工合同规定与工程进度款同时收取。

（7）工程尾款应根据发包人认可的工程结算金额及时回收。

5. 项目经理部应按企业下达的用款计划控制资金使用，以收定支，节约开支；应按会计制度规定设立财务台账记录资金支出情况，加强财务核算，及时盘点盈亏。

6. 项目经理部应坚持做好项目的资金分析，进行计划收支与实际收支对比，找出差异，分析原因，改进资金管理。项目竣工后，结合成本核算与分析进行资金收支情况和经济效益总分析，上报企业财务主管部门备案。企业应根据项目的资金管理效果对项目经理部进行奖惩。

6.4 项目组织协调

6.4.1 项目组织协调的基本要求

1. 组织协调应分为内部关系的协调、近外层关系的协调和远外层关系的协调。内部关系指企业内部（含项目经理部）的各种关系；近外层关系指企业与同发包人签有合同的单位的关系；远外层关系是指与企业及项目管理有关但无合同约束的单位的关系。

2. 组织协调应能排除障碍、解决矛盾、保证项目目标的顺利实现。

3. 组织协调包括如下内容：

（1）人际关系。包括项目经理部的内部人际关系和施工项目组织与关联单位的人际关系。项目经理部的内部人际关系是指项目经理部各成员之间、项目经理部成员与班组之间、班组相互之间的人员工作关系的总称。施工项目组织与关联单位的人际关系是指项目组织成员与企业管理人员和职能部门成员、近外层关系单位工作人员、远外层关系单位工作人员之间的工作关系的总称。协调对象是相关工作结合部中人与人之间在管理工作中的联系和矛盾。

（2）组织关系。包括施工项目组织内部各部门之间、项目经理部与企业及劳务作业层之间的关系，具体指合理分工和有效协作。分工和协作同等重要，合理的分工能保证任务之间的平衡匹配，有效协作既避免了相互之间利益分割，又提高了工作效率。

（3）供求关系。包括协调企业物资供应部门与项目经理部及生产要素供需单位之间的关系。供求关系主要是保证项目实施过程中所发生的人力、材料、机械设备、技术、资金等生产要素供应的优质、优价和适时、适量，避免相互之间的矛盾、保证项目目标的实现。

（4）协作关系。主要是指与近外层关系的协作配合协调和与内部各部门、各层次之间协作关系的协调。

（5）约束关系。法律法规的约束关系主要是通过提示、教育等手段提高关系双方的法律法规意识，避免产生矛盾，及时、有效地解决矛盾。合同约束关系主要通过过程监督和适时检查以及教育等手段杜绝冲突和矛盾，或者依照合同及时、有效地解决矛盾。

4. 组织协调应坚持动态工作原则。在施工项目实施过程中，随着运行阶段的不同，所存在的关系和问题都有所不同，比如项目进行的初期主要是供求关系的协调，项目进行的后期主要是合同和法律、法规约束关系的协调。

6.4.2 内部关系的组织协调

1. 内部人际关系的协调应依据各项规章制度，通过做好思想工作，加强教育培训，提高人员素质等方法实现。

2. 项目经理部与企业管理层关系的协调应依靠严格执行"项目管理目标责任书"；项目经理部与劳务作业层关系的协调应依靠履行劳务合同及执行"施工项目管理实施规划"。

3. 项目经理部进行内部供求关系的协调应做好下列工作：
（1）做好供需计划的编制、平衡，并认真执行计划。

（2）充分发挥调度系统和调度人员的作用，加强调度工作，排除障碍。

内部供求关系涉及面广，关系比较复杂，协调工作量相对较大，而且存在很大的随机性。这就要求组织内部首先制定明确、具体的资源需求计划，并对照计划提前部署，严格执行。在实施过程中应充分加强调度工作，做到资源分配的平衡。

6.4.3 近外层关系的组织协调

1. 项目经理部处理近外层关系和远外层关系均属对法人的关系，因此必须在企业法定代表人的授权范围内实施，否则项目经理部无权对外。

2. 项目经理部与发包人之间的关系协调应贯穿于施工项目管理的全过程。协调的目的是搞好协作，协调的方法是执行合同，协调的重点是资金问题、质量问题和进度问题。

3. 项目经理部在施工准备阶段应要求发包人，按规定的时间履行合同约定的责任，保证工程顺利开工。项目经理部应在规定时间内承担合同约定的责任，为开工后连续施工创造条件。

4. 在施工准备阶段，发包人应做好的工作是：

（1）取得政府主管部门对该项建设任务的批准文件。

（2）取得地质勘探资料及施工许可证。

（3）取得施工用地范围及施工用地许可证。

（4）取得施工现场附近的铁路支线可供使用的许可证。

（5）取得施工区域内地上、地下原有建筑物及管线资料。

（6）取得在施工区域内进行爆破的许可证。

（7）施工区域内征地、青苗补偿及居民迁移工作。

（8）施工区域内地面、地下原有建筑物及管线、坟墓、树木、杂物等障碍的拆迁、清理、平整工作。

（9）将水源、电源、道路接通至施工区域，电源一般由业主委托供电局将规定的高压电送到施工区域，包括架设变压器（变压器由发包人提供）。

(10) 向所在地区市容办公室申请办理施工用临时占地手续,负责缴纳应由发包人承担的费用。

(11) 确定建筑物标高和坐标控制点及道路、管线的定位标桩。

(12) 对国外提供的设计图纸,应组织相关人员按本地区的施工图标准及使用习惯进行翻译、放样及绘制。

(13) 向项目经理部交送全部施工图纸及有关技术资料,并组织有关单位进行施工图交底。

(14) 向项目经理部提供应由发包人供应的设备、材料、成品、半成品加工订货单,包括品种、规格、数量、供应时间及有关情况说明。

(15) 会审、签认项目经理部提出的"施工项目管理实施规划"(或施工组织设计)。

(16) 向建设银行提交开户、拨款所需文件。

(17) 指派工地代表并明确责任人,书面通知项目经理部。

(18) 负责将双方签订的"施工准备合同"交送合同管理机关签证。

5. 在施工准备阶段,项目经理部应在规定时间内做好以下各项工作:

(1) 编制项目管理实施计划。

(2) 根据施工平面图的设计,搭建施工用临时设施。

(3) 组织有关人员学习、会审施工图纸和有关技术文件,参加发包人组织的施工图交底与会审。

(4) 根据出图情况,组织有关人员及时编制施工预算。

(5) 向发包人提交应由发包人采购、加工、供应的材料、设备、成品、半成品的数量、规格清单,并明确进场时间。

(6) 负责办理属于项目经理部供应的材料、成品、半成品的加工订货手续。

(7) 如遇工程特殊(如结构复杂,需用异型钢模多、一次性投入的施工准备费用大等),需由发包人在开工前预拨资金和钢材指标时，应将钢材规格、数量、金额、预拨时间、抵扣办法等，在合同中加以明确。

6. 项目经理部应及时向发包人或监理方提供生产计划、统计资料、工程事故报告等。

7. 发包人应按规定向承包人提供下列技术资料：

（1）单位工程施工图纸。如遇外资工程，全部施工图纸不能一次交给项目经理部，在不影响项目经理部施工准备工作和开工前签订合同的前提下，经项目经理部同意，可分期交付，但应列出分期交付时间明细表，作为合同的附件。

（2）设备的技术文件。

（3）承担外商设计的工程应提供外文原文图纸及有关技术资料。

（4）如要求按外商设计规范施工时，发包人应向项目经理部提供翻译成中文的国外施工规范。

（5）与项目有关的生产计划、统计资料、工程事故报告等。

8. 项目经理部应按现行《建设工程监理规范》的规定和施工合同的要求，接受监理单位的监督和管理，搞好协作配合。处理与监理工程师之间的关系应坚持相互信任、相互支持、相互尊重、共同负责的原则，以施工合同为准，确保项目实施质量。

9. 项目经理部应在设计交底、图纸会审、设计洽商变更、地基处理、隐蔽工程验收和交工验收等环节中与设计单位密切配合。项目的实施必须取得设计人的理解和支持，尽量避免冲突和矛盾，如果出现问题应及时协商或通过发包人和监理工程师协调解决。

10. 项目经理部与材料供应人应依据供应合同，充分运用价格机制、竞争机制和供求机制搞好协作配合。项目经理部与供应人之间关系的协调分合同供应与市场供应，前者要充分利用合同，后者要充分利用市场机制。

11. 项目经理部与公用部门有关单位的关系应通过加强计划性和通过发包人或监理工程师进行协调。所谓公用部门是指与项目施工有直接关系的社会公用性单位，如供水、供电、供气等单位。

12. 项目经理部与分包人关系的协调应按分包合同执行，正确处理技术关系、经济关系，正确处理项目进度控制、项目质量控制、项目安全控制、项目成本控制、项目生产要素管理和现场管理中的协作关系。项目经理部还应对分包单位的工作进行监督和支持。

6.4.4 远外层关系的组织协调

处理远外层关系必须严格守法，遵守公共道德，并充分利用中介组织和社会管理机构的力量。项目经理部与远外层的关系协调应按下列要求办理：

1. 项目经理部应要求作业队伍到建设行政主管部门办理分包队伍施工许可证；到劳动管理部门办理劳务人员就业证。水上施工作业的项目还应到相关的行政主管部门办理水上施工许可证及有关手续。

2. 到当地政府安全监督管理部门办理企业安全资格认可证、安全施工许可证、项目经理安全生产资格证等手续。

3. 到消防管理部门办理施工现场消防安全资格认可证，到水陆交通管理部门办理通行证。

4. 到当地户籍管理部门办理劳务人员暂住手续。

5. 到当地城市管理部门、市政设施管理部门办理街道临建审批手续、道路开挖审批手续。

6. 到当地政府质量监督管理部门办理建设工程质量监督手续。

7. 到市容监察部门审批运输不遗洒、污水不外流、垃圾清运、场容与场貌达标的保证措施方案和通行路线图；到水陆交通管理部门、交警部门办理部分封闭或全封闭交通的审批手续。

8. 配合环保部门做好施工现场的噪声检测工作，及时报送有关厕所、化粪池、道路等的现场平面布置图、管理措施及方案,并到相关管理部门办理余泥排放手续。

9. 因建设需要砍伐树木时必须提出申请,报城市园林绿化主管部门审批。

10. 现有城市公共绿地和城市总体规划中确定的城市绿地及道路两侧的绿化带,如特殊原因确需临时占用时,需经城市园林部门、城市规划管理部门及公安部门同意并报当地政府批准。

11. 大型项目施工或者在文物较密集地区进行施工,项目经理部应事先与省市文物部门联系,在开工范围内有可能埋藏文物的地方进行文物调查或勘探工作,若发现文物,应共同商定处理办法。在开挖基坑、管沟或其他挖掘中,如果发现古墓葬、古遗址和其他文物,应立即停止作业,保护好现场,并立即报告当地政府文物管理机关。

12. 项目经理部持建设项目批准文件、地形图、建筑总平面图、用电量资料等到城市供电管理部门办理施工用电报装手续。委托供电部门进行方案设计的应办理书面委托手续。

13. 供电方案经城市规划管理部门批准后即可进行供电施工设计。外部供电图一般由供电部门设计,内部供电设计主要指变配电室和开闭间的设计,既可由供电部门设计,也可由有资格的设计人设计,并报供电管理部门审批。

14. 项目经理部在建设地点确定并对项目的用水量进行计算后,即应委托自来水管理部门进行供水方案设计,同时应提供项目批准文件、标明建筑红线和建筑物位置的地形图、建设地点周围自来水管网情况、建设项目的用水量等资料。

15. 自来水供水方案经城市规划管理部门审查通过后,应在自来水管理部门办理报装手续,并委托其进行相关的施工图设计。同时应准备建设用地许可证、地形图、总平面图、钉桩坐标成果通知单、施工许可证、供水方案批准文件等资料。由其他设计人员进行的自来水工程施工图设计,应送自来水管理部门审查批准。

7 项目竣工验收阶段管理及售后服务期管理

7.1 项目竣工验收的基本要求

7.1.1 项目竣工验收的概念

施工项目竣工验收,是承包人按照施工合同的约定,完成设计文件和施工图纸规定的工程内容,经发包人组织竣工验收及工程移交的过程。

承包人交付竣工验收的施工项目,必须符合《建筑法》第六十一条规定:"交付竣工验收的建筑工程,必须符合规定的建筑工程质量标准,有完整的工程技术经济资料和经签署的工程保修书,并具备国家规定的其他竣工条件"。发包人组织竣工验收时,必须按照《建设工程质量管理条例》第十六条规定的竣工验收条件执行。

7.1.2 单位工程施工质量验收的要求和方法

具备独立施工条件并能形成独立使用功能的建筑物及构筑物为一个单位工程,建筑规模较大的单位工程,可将其能形成独立使用功能的部分为一个子单位工程。

单位工程质量验收也称质量竣工验收,是建筑工程投入使用前的最后一次验收,也是最重要的一次验收,应按下列要求和方法进行验收:

1. 工程施工质量符合各类工程质量统一验收标准和相关专

业验收规范的规定。

2. 工程施工应符合工程勘察、设计文件的要求。

3. 参加工程施工质量验收的各方人员应具备规定的资格。

4. 工程质量的验收均应在施工单位自行检查评定的基础上进行。

5. 隐蔽工程在隐蔽前应由施工单位通知有关单位进行验收，并应形成验收文件。

6. 涉及结构安全的试块、试件以及有关材料，应按规定进行见证取样检测。

7. 检验批的质量应按主控、一般项目验收。

8. 对涉及结构安全和功能的重要分部工程应进行抽样检测。

9. 承担见证取样检测及有关结构安全检测的单位应具有相应资质。

10. 工程的观感质量应由验收人员通过现场检查共同确认。

7.1.3 项目竣工验收阶段管理程序

1. 竣工验收准备。
2. 编制竣工验收计划。
3. 组织现场验收。
4. 进行竣工结算。
5. 移交竣工资料。
6. 办理交工手续。

7.1.4 单位工程竣工验收的组织和程序

1. 工程完工后，施工单位经自查合格后，向建设单位提交工程竣工报告，申请工程竣工验收。实行监理的工程，工程竣工验收报告须经总监理工程师签署意见。

2. 建设单位收到工程竣工报告后，对符合竣工验收要求的工程，组织勘察、设计、施工、监理等单位和其他方面的专家，组织验收组，制定验收方案。

3. 建设单位应在工程竣工验收前7个工作日前将验收时间、地点、验收组名单通知该工程的工程质量监督机构。

4. 建设单位组织工程竣工验收，验收过程中主要进行以下工作：

（1）建设、勘察、设计、施工、监理单位分别汇报工程合同履约情况及工程施工各环节施工满足设计要求，质量符合法律、法规和强制性标准的情况；

（2）检查审核设计、勘察、施工、监理单位的工程档案资料及质量验收资料；

（3）实地检查工程外观质量，对工程的使用功能进行抽查；

（4）对工程施工质量管理各环节工作、工程实体质量及质保资料情况进行全面评价，形成经验收组人员共同确认签署的工程竣工验收意见。

5. 竣工验收合格，建设单位应及时提出工程竣工验收报告。验收报告还应附有工程施工许可证、设计文件审查意见、质量检测功能性试验资料、工程质量保修书等法规所规定的其他文件。

6. 工程质量监督机构应对工程竣工验收工作进行监督。

7.2 竣工验收准备

竣工验收准备的要求如下：

1. 项目经理应全面负责工程交付竣工验收前的各项准备工作，建立竣工收尾小组，并组织项目管理人员对竣工工程实体及竣工档案在全面自检自查的基础上，对照竣工条件的要求，编制工程竣工收尾计划，以此部署竣工验收的准备工作。

2. 项目经理和技术负责人要亲自抓竣工验收准备工作的落实。严格掌握竣工验收标准，对施工安装漏项、成品受损、污染和其他质量缺陷、收尾工作不到位、档案资料不规范等各类问题要一一限时整改完毕，不留尾巴。重要部位要做好检查记录。

3. 在项目经理部自检自验的基础上，经过企业的技术和质量部门的检查和确认之后,才算完成竣工验收的准备工作。实行分包的项目,分包人应按质量验收标准的规定检验工程质量,并将验收结论及资料交承包人汇总。

4. 承包人应在验收合格的基础上,向发包人发出预约竣工验收的通知书,说明拟交工项目的情况,商定有关竣工验收事宜。

7.3 竣工资料

7.3.1 竣工资料的收集

1. 工程竣工资料的内容,必须真实反映施工项目管理全过程的实际,资料的形成应符合其规律性和完整性,做到图物相符、数据准确、齐全可靠、手续完备、相互关联紧密。竣工资料的质量,必须符合《科学技术档案案卷构成的一般要求》(GB/T11822—89)的规定。

2. 企业应建立健全竣工资料管理制度,实行科学收集,定向移交,统一归口,便于存取和检索;并符合标识、编目、查阅、保管等程序文件的要求。要做到竣工资料不损坏、不变质和不丢失,组卷时符合规定。

3. 竣工资料的内容应包括:工程施工技术资料、工程质量保证资料、工程检验评定资料、竣工图,规定的其他应交资料。

7.3.2 竣工资料的整理

1. 工程施工技术资料的整理应始于工程开工,终于工程竣工,真实记录施工全过程,可按形成规律收集,采用表格方式分类组卷。

2. 工程质量保证资料的整理应按专业特点,根据工程的内在要求,进行分类组卷。

3. 工程检验评定资料的整理应按单位工程、分部工程、分项工程划分的顺序，进行分类组卷。

4. 竣工图的整理应区别情况按竣工验收的要求组卷。

5. 交付竣工验收的施工项目必须有与竣工资料目录相符的分类组卷档案。承包人向发包人移交由分包人提供的竣工资料时，检查验证手续必须完备。

7.3.3 工程竣工资料的分类及基本要求

1. 工程技术档案资料主要内容是：开工报告、竣工报告；项目经理、技术人员聘任文件；施工组织设计；图纸会审记录；技术交底记录；设计变更通知；技术核定单；地质勘察报告；定位测量记录；基础处理记录；沉降观测记录；防水工程抗渗试验记录；混凝土浇筑令；商品混凝土供应记录；工程复核记录；质量事故处理记录；施工日志；建设工程施工合同，补充协议；工程质量保修书；工程预（结）算书；竣工项目一览表；施工项目总结等。

2. 工程质量保证资料的收集和整理，应包括原材料、构配件、器具及设备等的质量证明和进场材料试验报告等，这些资料全面反映了施工过程中质量的保证和控制情况。以房屋建筑工程为例，各专业工程质量保证资料的主要内容是：

（1）土建工程主要质量保证资料：钢材出厂合格证、试验报告；焊接试（检）验报告、焊条（剂）合格证；水泥出厂合格证或报告；砖出厂合格证或试验报告；防水材料合格证或试验报告；构件合格证；混凝土试块试验报告；砂浆试块试验报告；土壤试验、打（试）桩记录；基地验槽记录；结构吊装、结构验收记录；工程隐蔽验收记录；中间交接验收记录等。

（2）建筑采暖卫生与煤气工程主要质量保证资料：材料、设备出厂合格证；管道、设备强度、焊口检查和严密性试验记录；系统清洗记录；排水管灌水、通水、通球试验记录；卫生洁具盛水试验记录；锅炉烘炉、煮炉、设备试运转记录等。

（3）建筑电气安装主要质量保证资料：主要电气设备、材料合格证；电气设备试验、调整记录；绝缘、接地电阻测试记录；隐蔽工程验收记录等。

（4）通风与空调工程主要质量保证资料：材料、设备出厂合格证；空调调试报告；制冷系统检验、试验记录；隐蔽工程验收记录等。

（5）电梯安装工程主要质量保证资料：电梯及附件、材料合格证；绝缘、接地电阻测试记录；空、满、超载运行记录；调整、试验报告等。

3. 工程检验评定资料的收集和整理，应按现行建设工程质量标准对单位工程、分部工程、分项工程及室外工程的规定执行。进行分类组卷时，工程检验评定资料应包括以下内容：质量管理体系检查记录；分项工程质量验收记录；分部工程质量验收记录；单位工程竣工质量验收记录；质量控制资料检查记录；安全和功能检验资料核查及抽查记录；观感质量综合检查记录等。

4. 工程竣工图应逐张加盖"竣工图"章。"竣工图"章的内容应包括：发包人、承包人、监理人等单位名称，图纸编号、编制人、审核人、负责人、编制时间等。竣工图应按有关规定要求编制。

7.4 竣工验收管理

7.4.1 组织竣工验收的条件

1. 单独签订施工合同的单位工程，竣工后可单独进行竣工验收。在一个单位工程中满足规定交工要求的专业工程，可征得发包人同意，分阶段进行竣工验收。

2. 单项工程竣工验收应符合设计文件和施工图纸要求，满足生产需要或具备使用条件，并符合其他竣工验收条件要求。

3. 整个建设项目已按设计要求全部建设完成，符合规定的建设项目竣工验收标准，可由发包人组织设计、施工、监理等单位进行建设项目竣工验收，中间竣工并已办理移交手续的单项工程，不再重复进行竣工验收。

7.4.2 竣工验收的依据和要求

1. 竣工验收的依据：
（1）批准的设计文件、施工图纸及说明书；
（2）双方签订的施工合同；
（3）设备技术说明书；
（4）设计变更通知书；
（5）施工验收规范及质量验收标准；
（6）外资工程应依据我国有关规定提交竣工验收文件。

2. 竣工验收应符合下列要求：
（1）设计文件和合同约定的各项施工内容已经施工完毕；
（2）有完整并经核定的工程竣工资料，符合验收规定；
（3）有勘察、设计、施工、监理等单位签署确认的工程质量合格文件；
（4）有工程使用的主要建筑材料、构配件和设备进场的证明及试验报告。

3. 单位工程质量验收合格应符合下列规定：
（1）所含分部工程的质量验收均应合格；
（2）质量控制资料应完整；
（3）所含分部工程有关安全和功能的检测资料应完整；
（4）主要功能项目的抽查结果应符合相关专业质量验收规范的规定；
（5）观感质量验收应符合要求。

4. 竣工验收的工程必须符合下列规定：
（1）合同约定的工程质量标准；
（2）单位工程质量竣工验收的合格标准；
（3）单项工程达到使用条件或满足生产要求；
（4）建设项目能满足建成投入使用或生产的各项要求。

7.4.3 竣工验收的组织和工作流程

1. 承包人确认工程竣工、具备竣工验收各项要求，并经监理单位认可签署意见后，向发包人提交"工程验收报告"。发包人收到"工程验收报告"后，应在约定的时间和地点，组织有关单位进行竣工验收。

2. 发包人组织勘察、设计、施工、监理等单位按照竣工验收程序，对工程进行核查后，应做出验收结论，并形成"工程竣工验收报告"，参与竣工验收的各方负责人应在竣工验收报告上签字并盖单位公章。

3. 通过竣工验收程序、办完工程竣工验收、收到结算价款后，承包人向发包人办理工程移交手续，工程移交手续应包括以下内容：

（1）按工程一览表在现场移交工程；
（2）按竣工资料目录交接工程竣工资料；
（3）按质量保修制度签署"工程质量保修书"；
（4）协商其他交工验收事宜等。

7.4.4 竣工验收备案制度

根据我国《建设工程质量管理条例》的规定，国家推行工程竣工验收备案制度，并对各类工程颁发了相应的工程竣工验收备案管理办法。单位工程质量验收合格后，建设单位应在规定时间内将工程竣工验收报告和有关文件，报建设行政管理部门备案。

1. 建设单位在工程竣工验收 7 日前，向建设工程质量监督机构申领"建设工程竣工验收备案表"和"建设工程竣工验收报告"，同时将竣工验收时间、地点、验收组成人员名单以"建设单位竣工验收通知单"的形式通知建设工程质量监督机构。

2. 工程质量验收合格后，建设单位应在工程验收合格之日起 15 日内，向工程所在地的政府建设行政主管部门备案。

3. 备案部门在收到备案文件资料后的 15 日内,对文件资料进行审查,符合要求的工程,在验收备案表上加盖"竣工验收备案专用章",并将一份退建设单位存档。如审查中发现工程竣工验收不符要求,备案部门在收到备案资料之日 15 日内,在验收备案表中填写备案机关处理意见,提出工程停止使用、限期整改、重新组织验收等意见。备案文件资料退回建设单位。待再次组织竣工验收合格后,重新办理备案手续。

7.5 竣工结算

7.5.1 竣工结算报告的编制依据

1. 《工程竣工验收报告》一经签署认可,承包人应在规定或约定时间内向发包人递交工程竣工结算报告及完整的结算资料。承包人在规定或约定时间内未递交结算报告及资料的,由此造成工程竣工结算不能及时办理,承包人应自行承担结算价款不能及时收取的责任。

2. 编制竣工结算应依据下列资料:
(1) 施工合同;
(2) 中标投标书的报价单;
(3) 施工图及设计变更通知单、施工变更记录、技术经济签证;
(4) 工程预算定额、取费定额及调价规定;
(5) 有关施工技术资料;
(6) 工程竣工验收报告;
(7) "工程质量保修书";
(8) 其他有关资料。

7.5.2 竣工结算报告的编制原则

1. 工程竣工结算的基础工作来源于项目经理部,项目经理要指定熟悉工程施工情况和预结算专业人员，对工程结算书的内容进行检查。应突出重点地检查费用计算是否准确、工程量调整、预算与实际对比、单价有无变化、款项调整内容等。

2. 承包人预算主管部门应坚持科学的管理程序，从专业归口的角度，编制工程竣工结算报告及收集完整的结算资料。对原报价的主要内容，如分项工程、工程量、单价及计算结果进行检查和核对，发现差错应进行调整纠正。应按照单位工程、单项工程、建设项目分别编制工程结算报告。

3. 在编制竣工结算报告和结算资料时，应遵循下列原则：

（1）以单位工程或合同约定的专业项目为基础，应对原报价单的主要内容进行检查和核对。

（2）发现有漏算、多算或计算误差的，应及时进行调整。

（3）多个单位工程构成的施工项目，应将各单位工程竣工结算书汇总，编制单项工程竣工综合结算书。

（4）多个单项工程构成的建设项目，应对各单项工程综合结算书汇总编制建设项目总结算书，并撰写编制说明。

4. 工程竣工结算报告和结算资料，应按规定报企业主管部门审定，加盖专用章，在竣工验收报告认可后，在规定的期限内递交发包人或其委托的咨询单位审查。承发包双方应按约定的工程款及调价内容进行竣工结算。

工程竣工结算报告及结算资料经承包人审批送出后，承发包双方应在各自规定的期限内，进行竣工结算核实，若有修改意见，要及时协商达成共识。对结算价款有争议的，应按约定的解决方式处理。

7.5.3 竣工结算的办理

1. 工程竣工结算报告和结算资料递交后，项目经理应按照"项目管理目标责任书"规定，配合企业主管部门督促发包人及时办理竣工结算手续，向发包人催收工程结算价款。企业预算主管部门应将结算报告及资料送交财务部门，据以进行工程价款的最终结算和收款。回收工程结算价款,是考核和评价项目经理部管理业绩的重要依据。发包人在规定期限未支付工程结算价款且无正当理由的,应承担违约责任。在规定的追加时间内仍不支付工程结算价款的,双方可协议工程折价,或由承包人依法申请法院强制执行拍卖,最终收回工程结算价款。

2. 办完工程竣工结算手续,承包人和发包人应按国家有关竣工验收规定,将竣工结算报告及结算资料纳入工程竣工资料进行汇总,作为承包人的工程技术经济档案资料存档。发包人应按规定及时向建设行政主管部门或其他有关部门移交档案资料备案。

7.6 项目回访与保修

7.6.1 项目回访与保修的要求

1. 工程质量保修是《建筑法》规定的承包人质量责任;承包人应建立和健全实施工程回访与保修的制度,并正确贯彻和执行这项制度,听取用户和社会公众的意见,提高服务质量,改进服务方式。

2. 承包人应建立与发包人及用户的服务联系网络,及时取得信息,并按计划、实施、验证、报告的程序,搞好回访与保修工作。

3. 保修工作必须履行施工合同的约定和"工程质量保修书"中的承诺。

7.6.2 回访

1. 回访应纳入承包人的工作计划、服务控制程序和质量体系文件。

没有建立质量管理体系的承包人,应建立相应的回访工作制度,以指导回访工作计划的制定与实施。

2. 承包人应编制回访工作计划。工作计划应包括下列内容：

（1）主管回访保修业务的部门。

（2）回访保修的执行单位。

（3）回访的对象（发包人或使用人）及其工程名称。

（4）回访时间安排和主要内容。

（5）回访工程的保修期限。

3. 执行单位在每次回访结束后应填写回访记录；在全部回访结束后，应编写"回访服务报告"。主管部门应依据回访记录对回访服务的实施效果进行验证。

回访记录应包括以下主要内容：参与回访人员；回访发现的质量问题；发包人或使用人的意见；对质量问题的处理意见；主管部门对执行单位的验证签证等。

4. 可供选择的回访方式有：

（1）例行性回访，根据年度回访工作计划的安排，对已交付竣工验收并在保修期内的工程，统一组织回访，可用电话询问、会议座谈、登门拜访等行之有效的方式进行。

（2）季节性回访，如夏季访问屋面及防水、空调、墙面防水，冬季访问采暖系统等。

（3）技术性访问，主要是了解施工中采用"四新"（新材料、新技术、新设备、新工艺）的技术性能，使用后的效果，设备安装后的技术状态。

（4）特殊性回访，是对某一特殊工程进行专访，做好记录，包括交工前的访问和交工后的回访。对重点工程和实行保修保险方式的工程，应组织专访。

7.6.3 保修

1. 承包人向发包人提交工程验收报告时，应出具"工程质量保修书"，"工程质量保修书"中应具体约定保修范围及内容、保修期、保修责任、保修费用等。

2. 保修期为自竣工验收合格之日起计算，在正常使用条件下的最低保修期限。在正常使用条件下，建设工程的最低保修期限为：

（1）地基基础工程和主体结构工程，为设计文件规定的该工程的合理使用年限；城市道路工程为1年；

（2）屋面防水工程、有防水要求的卫生间、房间和外墙面的防渗漏，为5年；

（3）供热与供冷系统，为2个采暖期、供冷期；

（4）电气管线、给排水管道、设备安装为2年；

（5）装修工程为2年；

（6）其他项目的保修期限由建设单位和施工单位约定。

3. 在保修期内发生的非使用原因的质量问题，使用人应填写"工程质量修理通知书"告知承包人，并注明质量问题及部位、联系维修方式。

4. 承包人应按"工程质量保修书"的承诺向发包人或使用人提供服务。保修业务应列入施工生产计划，并按约定的内容承担保修责任。

在保修期限内，承包人接到"工程质量修理通知书"后，应在约定的时间和地点，派出作业人员到场修理。在约定的时间和地点不派人修理，使用人可委托其他施工单位和人员修理，其费用应由责任人承担。承包人还应对修理结果进行检查验收。修理事项完毕，使用人应在"工程质量修理通知书"上对修理结果签署意见，做出评价，返回承包人主管职能部门存档。

5. 保修经济责任应按下列方式处理：

（1）由于承包人未按照国家标准、规范和设计要求施工造成的质量缺陷，应由承包人负责修理并承担经济责任。

（2）由于设计人造成的质量缺陷，应由设计人承担经济责任。当由承包人修理时，费用数额应按合同约定，不足部分应由发包人补偿。

（3）由于发包人供应的材料、构配件或设备不合格造成的质量缺陷，应由发包人自行承担经济责任。

(4) 由发包人指定的分包人造成的质量缺陷,应由发包人自行承担经济责任。

(5) 因使用人未经许可自行改建造成的质量缺陷,应由使用人自行承担经济责任。

(6) 因地震、洪水、台风等不可抗力原因造成损坏或非施工原因造成的事故,承包人不承担经济责任。

(7) 当使用人需要责任以外的修理维护服务时,承包人应提供相应的服务,并在双方协议中明确服务的内容和质量要求,费用由使用人支付。

7.7 项目考核评价

7.7.1 项目考核评价的目的和要求

1. 项目考核评价的目的应是规范项目管理行为,鉴定项目管理水平,确认项目管理成果,对项目管理进行全面考核和评价。

2. 项目考核评价的主体应是派出项目经理的单位。项目考核评价的对象应是项目经理部,其中应突出对项目经理的管理工作进行考核评价。

派出项目经理的单位可能是企业,也可能是事业部。但并不排除派出项目经理单位的上级企业对该单位项目管理进行统一的考核评价。考核评价的对象以项目经理为主。小型项目只考核评价项目经理;大型项目除对项目经理进行考核评价外,还应对项目经理部的各专业管理部门进行考核评价。

3. 考核评价的依据是施工项目经理与承包人签订的"项目管理目标责任书",内容包括完成工程施工合同、经济效益、回收工程款、执行承包人各项管理制度、各种资料归档等情况,以及"项目管理目标责任书"中其他要求内容的完成情况。"项目管理目标责任书"中的每一项内容都应进行考核评价,必须得出项目的全面考核评价结论。

4. 对项目管理的考核，不能只是项目全部结束以后进行一次总的考核。为了加强对项目管理的过程控制，应当实行阶段考核。考核阶段的划分，可以根据工程的规模和企业对项目管理的方式确定。使用网络计划时，尽量实行按网络计划关键节点进行考核的办法。工期超过 2 年以上的大型项目，可以实行年度考核；但为了加强过程控制，避免考核期过长，应当在年度考核之中加入按网络计划关键节点进行的阶段考核；同样，为使项目管理的考核与企业管理按自然时间划分阶段的考核接轨，按网络计划关键节点进行考核的项目，也应当同时按自然时间划分阶段进行季度、年度考核。工程完工后，必须对项目管理进行全面的一次性考核，而不能以其他考核方式代替。

5. 工程竣工验收合格后，应预留一段时间整理资料、疏散人员、退还机械、清理场地、结清账目等，再进行终结性考核。

6. 项目终结性考核的内容应包括确认阶段性考核的结果，确认项目管理的最终结果，确认该项目经理部是否具备"解体"的条件。经考核评价后，兑现"项目管理目标责任书"确定的奖励和处罚。

7.7.2 考核评价实务

1. 施工项目完成以后，企业应组织项目考核评价委员会。"项目考核评价委员会"可以是常设机构，也可以是临时组织，主任应由企业法定代表人或主管经营工作的领导担任；委员 5～7 名，由企业机关中与项目管理有密切的业务关系并对项目管理有具体要求的业务部门选派人员组成。在新开发的地区承担的第一个工程或承担技术先进、结构新颖的工程，由于总结其经验教训对企业今后的发展有好处，如企业认为有必要时，可以聘请与此项目有关的其他企业（单位）人员参加。

2. 项目考核评价可按下列程序进行：

（1）制订考核评价方案，经企业法定代表人审批后施行。

（2）听取项目经理部汇报，查看项目经理部的有关资料，对项目管理层和劳务作业层进行调查。

（3）考察已完工程。

（4）对项目管理的实际运作水平进行考核评价。

（5）提出考核评价报告。

（6）向被考核评价的项目经理部公布评价意见。

3. 项目经理部应向考核评价委员会提供下列资料：

（1）"项目管理实施规划"、各种计划、方案及其完成情况。

（2）项目所发生的全部来往文件、函件、签证、记录、鉴定、证明。

（3）各项技术经济指标的完成情况及分析资料。

（4）项目管理的总结报告，包括技术、质量、成本、安全、分配、物资、设备、合同履约及思想工作等各项管理的总结。

（5）使用的各种合同，管理制度，工资发放标准。

4. 项目考核评价委员会应向项目经理部提供项目考核评价资料。资料应包括下列内容：

（1）考核评价方案与程序。

（2）考核评价指标、计分办法及有关说明。

（3）考核评价依据。

（4）考核评价结果。

7.7.3 考核评价指标

1. 考核评价的定量指标宜包括下列内容：

（1）工程质量等级。

（2）工程成本降低率。

（3）工期及提前工期率。

（4）安全考核指标。

具体计算应按有关统计指标的计算方法由"项目考核评价委员会"选择。注意对比的标准应主要是"项目管理目标责任书"中所要求的指标。

2. 考核评价的定性指标宜包括下列内容:
(1) 执行企业各项制度的情况。
(2) 项目管理资料的收集、整理情况。
(3) 思想工作方法与效果。
(4) 发包人及用户的评价。
(5) 在项目管理中应用的新技术、新材料、新设备、新工艺。
(6) 在项目管理中采用的现代化管理方法和手段。
(7) 环境保护。

定性指标反映了项目管理的全面水平,虽无指标定量,但却应该比定量指标占有较大权数,且必须有可靠的根据,有合理可行的办法并形成分数值,以便用数据说话。

8 资料员工作职责

8.1 施工技术文件管理

施工项目现场技术资料包括工程施工质量技术资料及施工安全管理资料两大类。

8.1.1 施工质量技术资料

1. 施工技术文件，是指在施工过程中，施工单位执行工程建设强制性标准和国家、地方有关规定而填写、收集、整理的文字记录、图纸、表格、音像材料等必须归档保存的文件。

2. 市政基础设施工程施工技术文件应符合建设部《市政基础设施工程施工技术文件管理规定》（建设部，建城［2002］221号文）的要求，并按该规定的统一表格、表式填写。

3. 广东省市政基础设施工程施工质量技术资料，除业主、监理方有特殊要求者外，应采用《广东省市政基础设施工程施工质量技术资料统一用表》（广东省市政工程协会，2005年12月）。

4. 施工质量技术资料分为七大类：
（1）施工组织管理资料；
（2）工程施工资料；
（3）质量检验评定资料；
（4）试验与检验报告；
（5）出厂合格证；
（6）施工监理资料；

(7) 其他资料：包括竣工验收备案表格、竣工交接书和质量评分表等。

8.1.2 施工安全管理资料

1. 建筑施工现场的安全技术管理资料，是对建筑工程安全生产过程管理的真实记录，是施工现场安全生产的基础工作之一，也是检查考核落实安全生产责任制的资料依据。同时它为安全生产管理工作提供分析、研究基础材料，从而能够掌握安全动态，以便对每个时期制定行之有效的措施，实行目标管理，达到预测、预报、预防的目的。施工现场的安全技术管理资料的收集整理水平，直接反映了施工企业和项目部的安全管理状况。

2. 施工安全管理资料包括四项内容：施工企业安全生产管理，工程项目安全生产管理，施工安全生产技术资料和安全监督资料。

8.1.3 施工技术文件管理办法

施工技术文件，一般按下列方法进行管理：

1. 施工技术文件由施工单位编制，由建设单位与施工单位保存；其他参建单位按其在工程中的相应职责做好相应工作；

2. 建设单位应按《建设工程文件归档整理规范》（GB/T50328-2001）的要求，于工程竣工验收后三个月内报送当地城建档案管理机构；

3. 总承包工程项目，由总承包单位负责汇集、整理所有施工技术文件；

4. 施工技术文件应随施工进度及时整理，所需表格应按有关法规规定的要求认真填写、字迹清楚、项目齐全、记录准确、完整真实；

5. 施工技术文件应严格按有关法规规定，签字、盖章；

6. 施工合同中应对施工技术文件的编制要求和移交期限做出明确规定。施工技术文件应有建设单位签署的意见，应有监理单位对认证项目的认证记录；

7. 建设单位在组织工程竣工验收前，应提请当地的城建档案管理机构对施工技术文件进行预验收，验收不合格不得组织工程竣工验收。城建档案管理机构在收到施工技术文件七个工作日内提出验收意见，七个工作日内不提出验收意见，视为同意；

8. 施工技术文件不得任意涂改、伪造、随意抽撤损毁或丢失。对于弄虚作假、玩忽职守而造成文件不符合真实情况的，由有关部门追究责任单位和个人的责任。

8.1.4 施工技术资料的作用

1. 保证工程竣工验收的需要

工程项目进行竣工验收包括两方面内容，一是"硬件"，二是"软件"。"硬件"指的是建筑物本身（包括所安装的各类设备）；"软件"指的是反映建筑物自身及其形成过程的施工技术资料（包括竣工图及有关音像资料）。因此，对工程项目进行竣工验收时，必须对其软件——施工技术资料同时验收。建设部《市政基础设施工程施工技术文件管理规定》规定，施工技术文件验收不合格的项目，不予组织工程竣工验收。

2. 维护企业经济效益和社会信誉的需要

施工技术资料反映了工程项目的形成过程，是现场组织生产活动的真实记录，直接或间接地记录了与工程施工效益紧密相关的施工项目规模，使用材料的品种、数量和质量，采用的技术方案和技术措施，劳动力的安排和使用，工作量的变更，工程质量的评定等级等，是进行竣工结算的重要依据，是企业维护自身利益的依据。同时，施工技术资料作为接受业主和社会有关各方验收的"软件"，其质量就如同建筑物质量一样，反映了施工企业的素质水平，因此，它是企业信誉窗口的一部分。

3. 开发利用企业资源的需要

企业的档案是企业生产、经营、科技、管理等活动的真实记录,也是企业上述各方面知识、经验、成果的积累和储备,因此是企业的重要资源。施工技术资料是企业科技(工程)档案的来源,所以它是形成企业资源的一个组成部分。开发利用档案资料的途径主要有两种,一种是直接利用档案资料,包括借阅,摘录,复制等;另一种是对档案资料进行加工利用,如汇编、索引,专题研究等。

4. 管好企业国有资产的需要

国家机构,国有企业事业组织和国家所有的其他组织的档案归国家所有,列入国有资产管理的范围,因此,加强对施工技术资料的管理,不仅是管好企业档案的需要,更是管好企业国有资产的需要。

5. 保证城市规范化建设的需要

建筑物日常的维修、监测和保养(如对其中的水、电、燃气、通风线路管道的维修和保养),对建筑物的改建、扩建、拆建等,都离不开一个十分重要的依据,即反映建筑物全貌及内在联系的真实记录——竣工图及其他有关的施工技术资料,如果少了这一重要依据,就会使相关的工作具有极大的盲目性,甚至对国家财产和城市建设带来严重后果。

8.2 工程项目资料员岗位规范

8.2.1 岗位必备知识

1. 具有工民建中专、市政中专(或相当中专)以上文化程度。

2. 具有建筑识图、建筑结构和构造的基本知识。

3. 了解现场施工程序及各种关键数据。

4. 了解建筑企业承包方式、合同签订、施工预算、现场经济活动分析管理的基本知识。

5. 了解设计、施工验收规范和安全生产的法律法规、标准及规范。

6. 具有计算机应用基本知识和现代化管理基本知识。
7. 具有文书处理的基本知识。
8. 了解国家、项目所在地各级政府有关档案管理的规定。

8.2.2 应达到的岗位工作能力

1. 能收集、分析建筑市场信息。
2. 能收集、整理工程建筑施工各类图纸以及补充资料。
3. 能进行文书处理工作。
4. 掌握施工技术质量资料的归档要求。
5. 对竣工资料和竣工图等能独立组合案卷。
6. 能处理好各项公共关系。

8.2.3 岗位职责

1. 负责施工技术文件资料收发、运转、管理等工作,做到文件资料管理规范、完整。
2. 负责工程图纸的收发、审核。
3. 参与施工生产管理,做好资料的管理和监控。
4. 负责竣工资料的收集、整理、立卷、归档工作。
5. 搞好公共关系。

8.2.4 资料收集的原则

1. 参与原则。资料管理必须纳入项目管理的程序中。资料员应参加生产协调会、项目管理人员工作会议等,及时掌握施工管理信息、便于对资料的管理和监控。
2. 同步原则。资料的收集必须与实际施工进度同步。
3. 否定原则。对分包单位必须提供的施工技术资料,从项目经理、技术主管到资料员应严格把关,所提供的资料不符合要求的,不予结算工程款(包括对供货单位)。

8.2.5 资料的保管

1. 分类整理。
(1) 按归档对象划分,如归业主的,归企业档案室的等;
(2) 按资料内容划分;
(3) 同类资料按产生时间的先后排列。

2. 固定存放。根据实际条件,配备必要的框、柜、库房等来存放资料,并做到"六防":防火、防盗、防虫、防霉、防尘、防光。

3. 借阅有手续。资料的借阅要有规定的程序,建立必要的制度,办理一定的手续,不损坏或遗失。

4. 按规定移交、归档。项目通过竣工验收后,一个月内交企业档案室;按有关规定和时限移交城建档案馆;按合同规定的时限提交业主。

8.2.6 应处理好的几种关系

1. 与项目经理的关系——责任承包关系。
2. 与技术主管的关系——受业务领导关系。
3. 与相关部门的关系——协同保证关系。
4. 与上级主管部门的关系——局部与整体关系。
5. 与业主的关系——合同关系。
6. 与档案部门的关系——被监督,指导关系。

9 文书工作

9.1 文书工作的概念

9.1.1 文书工作的任务

文书工作的基本任务是：科学地组织机关（公司本部）的文书处理工作，从行政管理到技术方面辅助领导处理日常工作活动中所产生的文件，密切机关、部门、机构之间的联系，提高工作效率，保证机关（公司本部）工作的精确化，为建设高度文明、高度民主的和谐社会服务。它的具体内容包括：

1. 文件的制作和形成工作，包括文件的拟写、缮印、校对、用印及各种会议、汇报、电话、重大活动的记录和整理；
2. 文件的处理工作，包括文件的收发、登记、运转、批办、承办和催办；
3. 文件的管理工作，包括文件的保管、提供调阅以及文件材料的系统整理、编目和归档；
4. 处理人民来信；
5. 为领导人准备参考材料等。

9.1.2 文书工作的性质和意义

1. 文书工作的性质

文书工作是一项行政性、机要性的工作，也是一项事务性、技术性的工作。

2. 文书工作的意义

(1) 是机关工作的纽带；
(2) 是主管部门（办公室）领导工作的助手；
(3) 是保守党和国家机密的一个重要环节；
(4) 可为档案工作打好基础。
3. 文书工作的基本原则是及时、准确、安全、统一。

9.2 公文的基本知识

9.2.1 公文的定义

公文即公务文件，亦称文件，是国家管理、企事业单位管理过程中形成的具有法定效力和规范格式的书面材料，是实施管理的重要工具。

9.2.2 公文的种类

常用的公文种类主要有决定、通知、通报、报告、请示、批复、函和会议纪要等。

1. 决定、决议

对重大事项或重大行动做出安排，用"决定"。

经会议讨论通过并要求贯彻执行的事项，用"决议"。

2. 通知

发布行政规章，转发上级单位和不相隶属单位的公文，批转基层单位的公文，要求基层单位办理和需要周知或共同执行的事项，用"通知"。

3. 通报

表彰先进，批评错误，传达重要情况，用"通报"。

4. 报告，请示

向上级单位汇报工作、反映情况、提出建议，用"报告"。

向上级单位请求指示、批准，用"请示"。

5. 批复

答复请示事项,用"批复"。

6. 函

与横向部门之间相互洽商工作、询问和答复问题用"函"。

7. 会议纪要

传达会议议定事项和主要精神,要求与会单位共同遵守执行的,用"会议纪要";

如果会议决定事项涉及机构、编制、经费、人事任免、表彰、工资福利、重大项目的审批等事项,又涉及政策性较强,涉及面广,需要执行的,可用其他公文种类行文。

8. 本单位如需上报或下发总结、工作安排、打算、意见、计划等文件,须根据隶属关系,在上述文种中选择一种行文发送。

9.2.3 公文的格式

公文一般由公文名称、标题、发文字号、签发人、紧急程度、秘密等级、主送单位、正文、附件、落款、印章、发文日期、主题词、抄送单位、附注等部分组成。

1. 公文名称,置于首页顶端、发文字号之上,一般用红色套印。

2. 公文标题,置于横线中央之下、主送单位之上,标题由本单位名称、公文主要内容和文种三部分组成。

3. 发文字号,包括单位和承办部门代字、年号、序号,置于公文名称之下且居中。

4. 签发人,一般置于发文字号的右侧,向上级机关的请示,应注明签发人。

5. 紧急程度,分为特急、急两种,注在公文首页左上角。

6. 秘密等级,分为绝密、机密、秘密三种,注在公文首页左上角。如既有密级又是急件,应先注明紧急程度,再注密级。

7. 主送单位即公文主要送达的单位,除普发和联合发文外,公文一般只能主送一个单位,不要主送领导者个人(除领导直接交办的事项外）。主送单位的位置在标题的左下、正文的左上角，顶格。主送单位的名称一般应全称或规范化简称。

8. 正文，置于主送单位之下、附件之上，正文是公文的主要部分，应准确反映行文目的。

9. 附件，应在正文之后、发文单位之上，注明附件名称和顺序。

10. 落款，包括单位名称、印章和日期。除会议纪要和翻印的文件外，公文必须加盖印章。如正文结束后，落款需另起一页的，应在页首用括号注明"此页无正文"。落款的年月日以领导人签发的日期为准。发文单位必须写全称。

11. 主题词，置于公文末栏左上侧，词目之间应空一格。主题词包括类别词、类属词和文种词。

12. 抄送栏，置于公文末页下端、公文印发单位栏之上。送上级单位的用抄报；送外单位和下属单位的用抄送。单位名称应用规范化简称。

13. 印发部门栏，设在公文末最后一行，印刷时间以送印日期为准。最后在印发部门右下侧注明印发份数。

14. 页码，页数超过一页的公文应加注页码，位置为每页下方外口。

9.2.4 行文规则

1. 行文关系应根据行文单位之间的隶属关系和职权范围决定。其行文关系如下：

（1）上行文：向上级单位行文；

（2）平行文：向不相隶属的单位（机构）行文；

（3）下行文：向下属各单位行文。

2. 行文必须遵循下列规则：

（1）向上级单位请示的事项，如涉及其他单位，应与这些单位充分协商，尽可能取得一致意见后再上报。经过反复协商仍不能取得一致意见的，应在向上级单位的请示中如实写明各自的不同观点。以便上级单位裁决。

（2）根据隶属关系向上级部门请示、报告工作。但有特殊情况，可越级行文；重要事项必须越级的，或上级单位有特定要求的也可以越级行文。

（3）向上级单位请示，只能主送一个单位，不能多头上报，也不能同时抄送基层单位。请示一般不能以领导个人的名义上报，也不要直接送领导者个人。

（4）"请示"和"报告"是两个不同的文种。不能混淆，报告中不应夹入请示事项，请示应"一文一事"。

（5）凡涉及几个部门的问题，在尚未取得一致意见之前，不能向基层单位行文。

（6）凡能通过当面协商、电话联系等方式解决的简单问题，不必行文。对基层单位的请示，如不必用正式公文批复的，可以采取复印或抄报领导同志批示等方式答复来文单位。

（7）转发上级单位或其他主管业务单位的公文，如单位无其他补充意见的，不必行文，经承办部门负责人签署意见，可以由办公室编号复制，并在首页天头右侧加盖复制专用章，下发给有关基层单位。这类公文具有正式公文同等效力。

9.2.5 公文处理的基本要求

1. 办公室是文件管理的主管部门，负责本单位的公文处理工作。

收文由办公室统一登记、分办，视公文内容和性质，准确及时送有关主管领导批示，或交承办部门办理。属必须办理的公文，如内容涉及几个部门，应由承办部门传送并及时收回存放；属于几个部门需要阅知的公文，由办公室负责传送。阅看传阅公文必须抓紧时间不拖不压。

2. 承办部门在收到需办理的公文后，急件一般在三天内、其余一般在七天内（均不含节假日）应做出答复。对涉及较复杂的工作，到期未办妥的公文，办公室要进行催办，承办部门在收到催办通知后,必须立即做出反馈。

3. 通过会议等途径收到的或有关单位直接送到承办部门的公文,均应交给办公室登记收文。

4. 办理公文,凡涉及几个部门的问题,承办部门应主动会同有关部门协商办理,有关部门应积极协作配合。

办理公文应征求有关方面的意见,各方面意见不一致时,由承办部门协调,办理情况应如实向主管领导报告,并提出拟办意见,供领导决策。如有前案的,办理时应将有关案卷调出一并考虑。

5. 下级单位上报的公文,如有下列情况之一者,由办公室作退文处理:

(1) 请示内容不符合国家法律、法规,不符合党和国家、当地政府的方针政策,又不作必要说明的;

(2) 不符合党政分开原则的;

(3) 非特殊情况越级请示的;

(4) 一文多事,多头上报及其他明显违反现行的行文规则有关规定的。

6. 公文处理必须严格执行有关保密规定。

(1) 秘密公文的收办、传送、存放按保密制度执行。绝密公文一律由办公室机要人员负责签收、管理。秘密公文的发送必须通过机要通信部门,不能使用普通邮政。

(2) 禁止用普通传真机或明码电报传输秘密公文和答复密电中提出的问题。

(3) 复印文件按复印管理规定办理。

9.2.6 草拟公文应符合的要求

1. 符合国家的法律、法规、规章,符合党和国家的方针、政策,符合公文发布的有关规定。

2. 行文内容涉及两个及两个以上部门业务的文稿,承办部门应主动送请相关部门会签。

3. 情况要确实,观点要明确,条理要清楚,层次要分明,文字要简练,书写要工整,标点要准确,篇幅力求简短。

4. 人名、地名、数字、引文要准确,时间应写明年月日,不要写今年、明年,也不要用简称。

5. 公文中的数字,除发文字号、统计表、计划表、序号、百分比、专用术语和其他必须用阿拉伯数码者外,一般要用汉字书写。

6. 用词要准确、规范。在必须使用简称时,应先在文件第一个出处写明全称并加以说明。凡有规范简称的,应用规范简称,不得使用不规范的字。

7. 根据公文内容和行文规则,准确使用公文种类,并根据需要标明紧急程度和秘密等级。

8. 草拟公文及文稿上修改、批注、签名都必须用黑色、蓝色或蓝黑色墨水钢笔、签字笔或毛笔书写,不得用其他笔,不得用红墨水、复写纸书写。本单位草拟的文稿不能用复印件代替。

9. 草拟公文应使用统一的发文稿纸,第二页起可使用十六开双线报告纸等公文纸。

10. 修改公文,应使用统一的修改符号,不得任意涂划,修改字应写在文稿的天头、地脚、翻口或行间,不得写在订口,以免影响立卷时装订。

9.2.7 公文签发

1. 公文在送领导人签发前,由办公室指定专人审核把关。审核的重点是:

(1) 有无必要发文;

(2) 是否符合公文的审批程序和行文规则;

(3) 公文是否符合国家法律、法规、规章以及党和国家的方针、政策,是否符合当地政府有关的法规、规章,与本单位已发出的公文有无矛盾,措施和办法是否切实可行;

(4) 文字表述，使用紧急程度、秘密等级，公文种类、格式及书写是否准确规范；

(5) 办公室在审核文稿中一般可以有三种处理方法，一是作必要的文字修改（规范性文件除外）；二是提出意见，退承办人修改；三是建议不必发文或另作处理。

2. 已经审核的公文文稿，应按公文的签发权限送领导人签发。

(1) 向上级单位的重要请示和报告以及规范性文件和政策性强、涉及行业管理的公文，应送主要领导签署意见；

(2) 一般业务公文由主管领导签发；如内容涉及到其他领导人的，应先送其他领导人审核或会签。

9.2.8 公文立卷、销毁

1. 公文办理后，应根据文书立卷、归档的有关规定，由承办部门及时将公文定稿正本和有关资料整理立卷。

2. 公文立卷应根据其特征、相互联系和保存价值分类整理，力求材料收集齐全、完整，反映本单位的主要工作情况，便于保管、查找和利用。

3. 没有存档价值和存查必要的公文，经过鉴别和部门领导同意可以定期销毁。销毁秘密公文要进行登记，派专人监督，专车送到指定的造纸厂销毁，保证不丢失、不漏销。

9.2.9 打字

1. 按公文、材料的轻重缓急，由办公室统一安排，及时打印。

2. 打字员须保证打字质量，重要文件实行二校，校对差错率不超过 1‰。

3. 打字员须严格遵守本单位有关保密制度，严格对打印的文件内容保守秘密。

9.3 文件管理

文件管理必须规范化、制度化、科学化。

9.3.1 文件登记

1. 收发登记：凡是文书部门经管的文件均须逐件登记。
2. 传阅登记：在文件处理过程中，如文件份数少而需要多人阅处或须知照文件精神的人数较多，则需要传阅文件，因此要建立文件传阅登记制度。
3. 借阅登记：文件处理完毕，由于工作参考的需要，领导或工作人员都需经常借阅文件，为此要建立借阅登记制度。

9.3.2 文件存放保管、收回及销毁

1. 按本单位档案管理规定和要求建立档案库，并报请本地档案管理机构组织档案管理验收。
2. 文件的存放和保管方法根据在本单位的实际情况确定，并必须符合档案管理的有关规定。
3. 文件的收回、销毁按本单位和本地档案管理的有关规定执行。

9.3.3 复印管理

1. 各部门按照必须、少量、节约、保密原则使用复印机。凡用于私人的材料不得复印。
2. 复印机的使用范围是：非密级文件、投标标书、票据、凭证、少量一次性非常规表格等以及非复印不可，又具有应急性、单件性或少量性的其他资料。凡受控文件不得擅自复印。
3. 需要复印的文件材料，有关部门应预先考虑其使用前景，适当增加自存数，避免临时突击复印。
4. 凡需转发复印上一级单位文件（越级文件不得复印），拟

文部门和主管单位必须按有关规定，在办公室办理有关手续后才能复印，并加盖复印文件专用章。密级文件复印须经本单位保密委员会批准。复印的文件如无批准证明，复印主管部门有权拒绝复印。

5. 一切复印品，复印前必须先填写复印申请单，由部门负责人签证，复印主管部门应同时作好记录。未经签证的文件，复印部门可以拒印。

9.3.4 印鉴管理

印章是凭证，是本单位对内对外行使权利的标志。用印必须严格执行上级的有关规定和印鉴管理规定。

1. 印鉴管理采取党政分开，分级管理，由党务工作部门和办公室负责管理。印章都要有专人保管；印章使用必须符合用印范围。

2. 除正常的业务报表外，凡需使用党政印章者，必须经党政领导批准，未经党政领导批准的，印鉴管理部有权拒绝用印。

3. 用印必须登记齐全、完整，必须详细登记用印时间、单位、用印人、批准人以及用印内容等事项。

10 施工质量技术文件

10.1 施工准备阶段的质量技术资料

10.1.1 开工报告、停工报告、复工报告

1. 单位工程开工必须符合开工必备条件。
2. 发生下列情况时应停工：工程受到不可抗御的自然灾害；发生重大的安全、质量事故；政府一些重大决策需要停工；建设单位资金不足；其他原因需要停工。
3. 复工报告与停工报告一一对应。复工条件除停工的原因和问题得到解决后，还应符合工程开工所必备的条件。

10.1.2 施工组织设计

1. 施工单位在施工之前，必须编制施工组织设计；大中型的工程应根据施工组织总设计编制分部位、分阶段的施工组织设计。
2. 施工组织设计必须经上一级技术负责人进行审批加盖公章方为有效，并须填写施工组织设计审批表（合同另有规定的，按合同要求办理）。在施工过程中发生变更时，应有变更审批手续。
3. 施工组织设计应包括下列主要内容：
（1）工程概况：工程规模、工程特点、工期要求、参建单位等。
（2）施工平面布置图。
（3）施工部署和管理体系：施工阶段、区划安排、进度计划及

工、料、机、运计划表和组织机构设置。组织机构中应明确项目经理、技术责任人、施工管理负责人及其他各部门主要责任人等。

(4) 质量目标设计：质量总目标、分项质量目标，实现质量目标的主要措施、办法及工序、部位、单位工程技术人员名单。

(5) 施工方法及技术措施（包括冬、雨季施工措施及采用的新技术、新工艺、新材料、新设备等）。

(6) 安全措施。

(7) 文明施工措施。

(8) 环保措施。

(9) 节能、降耗措施。

(10) 模板及支架、地下沟槽基坑支护、降水、施工便桥便栈、构筑物顶推进、沉井、软基处理、预应力筋张拉工艺、大型构件吊运、混凝土浇筑、设备安装、管道吹洗等专项设计。

10.1.3 施工图设计文件会审、技术交底

1. 工程开工前，应由建设单位组织有关单位对施工图设计文件进行会审，并按单位工程填写施工图设计文件会审记录。设计单位应按施工程序或需要进行设计交底。设计交底应包括设计依据、设计要点、补充说明、注意事项等，并做交底纪要。

2. 施工单位应在施工前进行施工技术交底。施工技术交底包括施工组织设计交底及工序施工交底。各种交底的文字记录，应有交底双方签认手续。

10.2 施工阶段的质量技术资料

10.2.1 原材料、成品、半成品、构配件、设备出厂质量合格证书、出厂检（试）验报告及复试报告

1. 一般规定

(1) 必须有出厂质量合格证书和出厂检（试）验报告，并

归入施工技术文件。

（2）合格证书、检（试）验报告为复印件的必须加盖供货单位印章方为有效，并注明使用工程名称、规格、数量、进场日期、经办人签名及原件存放地点。

（3）凡使用新技术、新工艺、新材料、新设备的，应有法定单位鉴定证明和生产许可证。产品要有质量标准、使用说明和工艺要求。使用前应按其质量标准进行检（试）验。

（4）进入施工现场的原材料、成品、半成品、构配件，在使用前必须按现行国家有关标准的规定抽取试样，交由具有相应资质的检测、试验机构进行复试，复试结果合格方可使用。

（5）对按国家规定只提供技术参数的测试报告，应由使用单位的技术负责人依据有关技术标准对技术参数进行判别并签字认可。

（6）进场材料凡复试不合格的应按原标准规定的要求再次进行复试，再次复试的结果合格方可认为该批材料合格，两次报告必须同时归入施工技术文件。

（7）必须按有关规定实行有见证取样和送检制度，其记录、汇总表纳入施工技术文件。

（8）总含碱量有要求的地区，应对混凝土使用的水泥、砂、石、外加剂、掺合料等的含碱量进行检测，并按规定要求将报告纳入施工技术文件。

2. 水泥

（1）水泥生产厂家的检（试）验报告应包括后补的28天强度报告。

（2）水泥使用前复试的主要项目为：胶砂强度、凝结时间、安定性、细度等。试验报告应有明确结论。

3. 钢材（钢筋、钢板、型钢）

（1）钢材使用前应按有关标准的规定，抽取试样做力学性能试验；当发现钢筋脆断，焊接性能不良或力学性能显著不正常等现象时，应对该批钢材进行化学成分检验或其他专项检验；如需焊接时，还应做可焊接性试验，并分别提供相应的试验报告。

（2）预应力混凝土所用的高强钢丝、钢绞线等张拉钢材，除按上述要求检验外，还应按有关规定进行外观检查。

（3）钢材检（试）验报告的项目应填写齐全，要有试验结论。

4. 沥青

沥青使用前复试的主要项目为：延度、针入度、软化点、老化、粘附性等（视不同的道路等级而定）。

5. 涂料

防火涂料应具有经消防主管部门的认定证明材料。

6. 焊接材料

应有焊接材料与母材的可焊性试验报告。

7. 砌块（砖、料石、预制块等）

用于承重结构时，使用前复试项目为：抗压、抗折强度。

8. 砂、石

工程所使用的砂、石应按规定批量取样进行试验。试验项目一般有：筛分析、表观密度、堆积密度和紧密密度、含泥量、泥块含量、针状和片状颗粒的总含量等。结构或设计有特殊要求时，还应按要求加做压碎指标值等相应项目试验。

9. 混凝土外加剂、掺合料

各种类型的混凝土外加剂、掺合料使用前，应按相关规定中的要求进行现场复试并出具试验报告和掺量配合比试配单。

10. 防水材料及粘接材料

防水卷材、涂料、填缝、密封、粘接材料、沥青马蹄脂、环氧树脂等应按国家相关规定进行抽样试验，并出具试验报告。

11. 防腐、保温材料

其出厂质量合格证书应标明该产品质量指标、使用性能。

12. 石灰

石灰在使用前应按批次取样，检测石灰的氧化钙和氧化镁含量。

13. 水泥、石灰、粉煤灰类混合料

(1) 混合料的生产单位按规定,提供产品出厂质量合格证书。

(2) 连续供料时,生产单位出具合格证书的有效期最长不得超过 7 天。

14. 沥青混合料

沥青混合料生产单位按同类型、同配比、每批次至少向施工单位提供一份产品质量合格证书。连续生产时,每 2000t 提供一次。

15. 商品混凝土

(1) 商品混凝土生产单位应按同配比、同批次、同强度等级提供出厂质量合格证书。

(2) 总含碱量有要求的地区,应提供混凝土碱含量报告。

16. 管材、管件、设备、配件

(1) 厂(场)、站工程成套设备应有产品质量合格证书、设备安装使用说明等。工程竣工后整理归档。

(2) 厂(场)、站工程的其他专业设备及电气安装的材料、设备、产品按现行国家或行业相关规范、规程、标准要求进行进场检查、验收,并留有相应文字记录。

(3) 进口设备必须配有相关内容的中文资料。

(4) 上述(1)、(2)两项供应厂家应提供相关的检测报告。

(5) 混凝土管、金属管生产厂家应提供有关的强度、严密性、无损探伤的检测报告。施工单位应依照有关标准进行检查验收。

17. 预应力混凝土张拉材料

(1) 应有预应力锚具、连接器、夹片、金属波纹管等材料的出厂检(试)验报告及复试报告。

(2) 设计或规范有要求的桥梁预应力锚具,锚具生产厂家及施工单位应提供锚具组装件的静载锚固性能试验报告。

18. 混凝土预制构件

（1）钢筋混凝土及预应力钢筋混凝土梁、板、墩、柱、挡墙板等预制构件生产厂家，应提供相应的能够证明产品质量的基本保证资料。如：钢筋原材复试报告、焊（连）接检验报告；达到设计强度值的混凝土强度报告（含28天标养及同条件养护的）；预应力材料及设备的检验、标定和张拉资料等。

（2）一般混凝土预制构件如栏杆、地袱、挂板、防撞墩、小型盖板、检查井盖板、过梁、缘石（侧石）、平石、方砖、树池砌件等，生产厂家应提供出厂合格证书。

（3）施工单位应依照有关标准进行检查验收。

19. 钢结构构件

（1）作为主体结构使用的钢结构构件，生产厂家应依照有关规定提供相应的能够证明产品质量的基本质量保证资料。如：钢材的复试报告、可焊性试验报告；焊接（缝）质量检验报告；连接件的检验报告；机械连接记录等。

（2）施工单位应依照有关标准进行检查验收。

20. 各种地下管线的各类井室的井圈、井盖、踏步等应有生产单位出具的质量合格证书。

21. 支座、变形装置、止水带等产品应有出厂质量合格证书和设计有要求的复试报告。

10.2.2 施工检（试）验报告

1. 基本要求

施工检（试）验报告必须符合《产品质量检验机构计量认证/审查认可（验收）评审准则》（试行）的规定：

（1）对于实验室完成的每一项或每一系列检验的结果，均应按照检验方法中的规定，准确、清晰、明确、客观地在报告中表述。

（2）应采用法定计量单位。

（3）报告中还应包括为说明检验结果所必需的各种信息以及采用方法所要求的全部信息。

凡有见证取样及送检要求的，应有见证记录、有见证试验汇总表。

2. 压实度（密度）、强度试验资料

（1）填土、路床压实度（密度）资料

按土质种类做的最大干密度与最佳含水量试验报告。

按质量标准分层、分段取样的填土压实度试验记录。

（2）道路基层压实度和强度试验资料

A. 石灰类、水泥类、二灰类等无机混合料基层的标准击实试验报告。

B. 按质量标准分层分段取样的压实度试验记录。

C. 道路基层强度试验报告，包括：

石灰类、水泥类、二灰类等无机混合料应有石灰、水泥实际剂量的检测报告。

石灰、水泥等无机稳定土类道路基层应有 7 天龄期的无侧限抗压强度试验报告。

其他基层强度试验报告。

（3）道路面层压实度资料

沥青混合料厂提供的标准密度。

按质量标准分层取样的实测干密度。

路面弯沉试验报告。

3. 水泥混凝土抗压、抗折强度、抗渗、抗冻性能试验资料

（1）应有试配申请单和有相应资质的试验室签发的配合比通知单。施工中如果材料发生变化时，应有修改配合比的通知单。

（2）应有按规范规定组数的试块强度试验资料和汇总表。

A. 标准养护试块 28 天抗压强度试验报告。

B. 水泥混凝土桥面和路面应有 28 天标养的抗压、抗折强度试验报告。

C. 结构混凝土应有同条件养护试块抗压强度试验报告作为拆模、卸支架、预应力张拉、构件吊运、施加临时荷载等的

依据。

D. 冬季施工混凝土应有检验混凝土抗冻性能的同条件养护试块抗压强度试验报告。

E. 主体结构应有同条件养护试块抗压强度试验报告以验证结构物实体强度。

F. 当强度未能达到设计要求而采取实物钻芯取样试压时，应同时提供钻芯试压报告和原标养试块抗压强度试验报告。如果混凝土钻芯取样试压强度仍达不到设计要求时，应用设计单位提供经设计负责人签署并加盖单位公章的处理意见资料。

（3）凡设计有抗渗、抗冻性能要求的混凝土，除应有抗压强度试验报告外，还应有按规范规定组数标养的抗渗、抗冻试验报告。

（4）商品混凝土应以现场制作的标养 28 天的试块抗压、抗折、抗渗、抗冻指标作为评定的依据，并应在相应试验报告上标明商品混凝土生产单位名称、合同编号。

（5）应有按现行国家标准进行的强度统计评定资料（水泥混凝土路面、桥面要有抗折强度评定资料）。

4. 砂浆试块强度试验资料

（1）砂浆试配申请单、配比通知单和强度试验报告。

（2）预应力孔道压浆每一工作班留取不少于三组的 $7.07cm \times 7.07cm \times 7.07cm$ 试件，其中一组作为标准养护 28 天的强度资料，其余二组作为移运和吊装时强度参考值资料。

（3）按规定要求的强度统计评定资料。

（4）使用沥青马蹄脂、环氧树脂砂浆等粘接材料，应有配合比通知单和试验报告。

5. 钢筋焊、连接检（试）验资料

（1）钢筋连接接头采用焊接方式或采用锥螺纹、套管等机械连接接头方式的，均应按有关规定进行现场条件下连接性能试验，留取试验报告。报告必须对抗弯、抗拉试验结果有明确结论。

（2）试验所用的焊（连）接试件，应从外观检查合格后的成品中切取，数量要满足现行国家规范规定。试验报告后应附有效的焊工上岗证复印件。

（3）委托外加工的钢筋，其加工单位应向委托单位提供质量合格证书。

6. 钢结构、钢管道、金属容器等及其他设备焊接检（试）验资料应按国家相关规范执行。

7. 桩基础应按有关规定，做检（试）验并出具报告。

对工程所使用的各种桩基础，应按照《建筑基桩检测技术规范》（JGJ106—2003）的各项规定对其承载力和桩身完整性进行检测和评价。常用的检测方法主要有单桩（竖向抗压、竖向抗拔、水平）静载试验、钻芯法、低应变法、高应变法、声波透射法等。在具体实施时，应根据各种检测方法的特点和适用范围，考虑地质条件、桩型及施工质量可靠性、使用要求等因素进行合理选择搭配。基桩检测结果应结合这些因素进行分析判定。

8. 检（试）验报告应由具有相应资质的检测、试验机构出具。

10.2.3 施工记录

1. 地基与基槽验收记录

（1）地基与基槽验收时，应按下列要求进行记录：

A. 核对其位置、平面尺寸、基底标高等内容，是否符合设计规定。

B. 核对基底的土质和地下水情况，是否与勘察报告相一致。

C. 对于深基础，还应检查基坑对附近建筑物、道路、管线等是否存在不利影响。

（2）地基需处理时，应由设计、勘察部门提出处理意见，并绘制处理的部分、尺寸、标高等示意图。处理后，应按有关规范和设计的要求。重新组织验收。

(3) 一般基槽验收记录可用隐蔽工程验收记录代替。

2. 桩基施工记录

(1) 桩基施工记录应附有桩位平面示意图。分包桩基施工的单位应将施工记录全部移交给总包单位。

(2) 打桩记录

A. 有试桩要求的应有试桩或试验记录。

B. 打桩记录应记入桩的锤击数、贯入度、打桩过程中出现的异常情况等。

(3) 钻孔（挖孔）灌注桩记录

A. 钻孔桩（挖孔桩）钻进记录。

B. 成孔质量检查记录。

C. 桩混凝土灌注记录。

3. 构件、设备安装与调试记录

(1) 钢筋混凝土大型预制构件、钢结构等吊装记录的内容包括：构件类别、编号、型号、位置、连接方法、实际安装偏差等，并附简图。

(2) 厂（场）、站工程大型设备安装调试记录的内容包括：

A. 设备安装设计文件。

B. 设备安装记录：设备名称、编号、型号、安装位置、简图、连接方法、允许安装偏差和实际偏差等。特种设备的安装记录还应符合有关部门及行业规范的规定。

C. 设备调试记录。

4. 施加预应力记录

(1) 预应力张拉设计数据和理论张拉伸长值计算资料。

(2) 预应力张拉原始记录。

(3) 预应力张拉设备——油泵、千斤顶、压力表等应有由法定计量检测单位进行校验的报告和张拉设备配套标定的报告并绘有相应的 P—T 曲线。

(4) 预应力孔道灌浆记录。

(5) 预留孔道实际摩阻值的测定报告书。

(6) 孔位示意图，其孔（束）号、构件编号应与张拉原始记录一致。

5. 沉井下沉时应填写沉井下沉观测记录。

6. 混凝土浇筑记录。

凡现场浇注C20（含）强度等级以上的结构混凝土，均应填写混凝土浇筑记录。

7. 管道、箱涵顶推进记录。

8. 构筑物沉降观测记录（设计有要求的要做沉降观测记录）。

9. 施工测温记录。

10. 其他有特殊要求的工程，如厂（场）、站工程的水工构筑物防水、钢结构及管道工程的保温等工程项目，应按有关规定及设计要求，提供相应的施工记录。

10.2.4 测量复核及预检记录

1. 测量复核记录

(1) 施工前建设单位应组织有关单位向施工单位进行现场交桩，施工单位应根据交桩记录进行测量复核并留有记录。

(2) 施工设置的临时水准点、轴线桩及构筑物施工的定位桩、高程桩的测量复核记录。

(3) 部位、工序的测量复核记录。

(4) 应在复核记录中绘制施工测量示意图，标注测量与复核的数据及结论。

2. 预检记录

(1) 主要结构的模板预检记录，包括几何尺寸、轴线、标高、预埋件和预留孔位置、模板牢固性和模内清理、清理口留置、脱模剂涂刷等检查情况。

(2) 大型构件和设备安装前的预检记录应有预埋件、预留孔位置、高程、规格等检查情况。

(3) 设备安装的位置检查情况。
(4) 非隐蔽管道工程的安装检查情况。
(5) 补偿器预拉情况、补偿器的安装情况。
(6) 支（吊）架的位置、各部位的连接方式等检查情况。
(7) 油漆工程。

10.2.5 隐蔽工程检查验收记录

凡被下道工序、部位所隐蔽的在隐蔽前必须进行质量检查，并填写隐蔽工程检查验收记录。隐蔽检查的内容应具体，结论应明确。验收手续应及时办理，不得后补。需复验的要办理复验手续。

10.2.6 工程质量检验评定资料

1. 工序施工完毕后，应按照质量检验评定标准进行质量检验与评定，及时填写工序质量评定表。表中内容应填写齐全，签字手续完备、规范。

2. 部位工程完成后应汇总该部位所有工序质量评定结果，进行部位工程质量等级评定，签字手续完备、规范。

3. 单位工程完成后，由工程项目负责人主持进行单位工程质量评定。填写单位工程质量评定表，由工程项目负责人和项目技术负责人签字，加盖公章作为竣工验收的依据之一。

10.2.7 功能性试验记录

1. 一般规定

功能性试验是对市政基础设施工程在交付使用之前所进行的使用功能的检查。功能性试验按有关标准进行，并由有关单位参加，填写试验记录，由参加各方签字，手续完备。

2. 市政基础设施工程功能性试验主要项目一般包括：
(1) 道路工程的弯沉试验。
(2) 无压力管道严密性试验。

（3）桥梁工程设计有要求的动、静载试验。

根据广东省《城市桥梁检查与检验办法（试行）》（广东建设厅，粤建建［1999］105字号文），除设计规定要求进行试验的桥梁外，下列桥梁在竣工验收前必须进行动静载试验：

单孔跨径达30m或总桥长达100m的梁式桥；

单孔跨径达45m或总桥长达100m的拱式桥；

单孔跨径达20m或主跨结构总长达40m人行天桥（静荷）；

小半径、大夹角（≥30°）的连续弯桥；

其他有特殊需要作承载力检验的各种规格的桥梁。

（4）水池满水试验。

（5）消化池气密性试验。

（6）压力管道的强度试验、严密性试验和通球试验等。

（7）其他施工项目如设计有要求，按规定及有关规范做使用功能试验。

10.2.8 质量事故报告及处理记录

发生质量事故施工单位应立即填写工程质量事故报告。质量事故处理完毕后，应填写质量事故处理记录。工程质量事故报告及质量事故处理记录必须归入施工技术文件。

10.2.9 设计变更通知单、洽商记录

设计变更通知单、洽商记录是施工图的补充和修改，应在施工前办理。内容应明确具体，必要时附图。

1. 设计变更通知单必须由原设计人和设计单位负责人签字并加盖设计单位印章方为有效。

2. 洽商记录必须有参建各方共同签认方为有效。

3. 设计变更通知单、洽商记录应原件存档。如用复印件存档时应注明原件存放处。

4. 分包工程的设计变更、洽商由工程总包单位统一办理。

10.3 竣工验收阶段的质量技术资料

10.3.1 竣工总结

竣工总结主要应包括下列内容：工程概况、竣工的主要工程数量和质量情况；使用了何种新技术、新工艺、新材料、新设备；施工过程中遇到的问题及处理方法；工程中发生的主要变更和洽商；遗留的问题及建议等。

10.3.2 竣工图

1. 工程竣工后应及时进行竣工图的整理。绘制竣工图须遵照以下原则：

（1）凡在施工中，按图施工没有变更的，在新的原施工图上加盖"竣工图"的标志后可作为竣工图。

（2）无大变更的，应将修改内容按实际发生的描绘在原施工图上，并注明变更或洽商编号加盖"竣工图"标志后作为竣工图。

（3）凡结构形式改变、工艺改变、平面布置改变、项目改变以及其他重大改变；或虽非重大变更，但难以在原施工图上表示清楚的，应重新绘制竣工图。

2. 改绘竣工图，必须使用不褪色的黑色绘图墨水。

10.3.3 工程竣工报告

工程竣工报告是由施工单位对已完工程进行检查，确认工程质量符合有关法律、法规和工程建设强制性标准，符合设计及合同要求而提出的工程告竣文书。该报告应经项目经理和施工单位有关负责人审核签字加盖单位公章。

实行监理的工程，工程竣工报告必须经总监理工程师签署意见。

10.3.4 工程竣工验收证书

工程竣工验收合格后，建设单位应当及时提出工程竣工验收报告。工程竣工验收报告主要包括工程概况、建设单位执行基本建设程序情况，对工程勘察、设计、施工、监理等方面的评价，工程竣工验收时间、程序、内容和组织形式、工程竣工验收意见等内容。

10.4 竣 工 图

10.4.1 竣工图的编制及报送

施工过程中，施工单位（含分包施工单位）应指定专人编制竣工图。项目竣工验收前，竣工图必须经施工项目技术负责人审核签字后移交建设单位。

由一个施工单位总包的工程项目，各分包施工单位负责编制分包范围内的竣工图，总包单位除负责编制本单位施工范围内的竣工图外，还负责该工程项目竣工图的汇总、整理。

由建设单位平行分包给几个施工单位的工程项目，各分包施工单位负责编制分包范围内的竣工图后交建设单位汇总整理。

竣工图作为验收的必备条件之一，凡竣工图资料不完整的项目，不能进行竣工验收，更不能评为优质工程。

凡因施工单位违反有关规定，不编制竣工图或编制的竣工图与实物不符，而导致使用维修中损坏建筑物、构筑物、地上地下管线而造成其他事故的，由施工单位赔偿经济损失，并可追究直接责任者的法律责任。

在一个建设项目内，同一施工单位施工的同一类型的多个单体工程，可只编制其中一个单位工程的竣工图，但对其中有变更的部位还须编制相应的竣工图。"同一类型"指完全一样的建筑物或构筑物，如：多层混合结构房屋分 A、B 型的，应 A 型编一套竣工图，B型再编一套竣工图，对其中有变更的部位须编制相应的竣工图。例如，若三幢A型房屋，其中一幢的基础遇到软基，进行了基础加固，该栋房的基础竣工图应单独绘制，并反映其加固措施。

10.4.2 竣工图绘制的要求

竣工图的绘制除应符合10.3.2"竣工图"一节所述的绘制原则之外，还应遵守如下要求：

1. 竣工图必须与工程实物相符，所有修改内容（含被修改部分的相关图纸）都必须修改到位，竣工图的修改注记方法应符合有关规定的要求。

2. 绘制、修改竣工图须符合制图规范，做到图形清晰、字迹工整，竣工图必须使用新的蓝晒图。

3. 竣工图章应使用不褪色的红色印泥盖印，加盖在蓝图右下角设计图标的上方或周围不压盖图形及文字的地方，并经项目技术负责人审核签名方有效。

4. 竣工图的组卷：竣工图不装订，按4号图纸（297mm×210mm）规格折叠成扇形，图面朝里，图标外露，页号标在右下角。竣工图按单体（单位）工程排列，并按单体内的专业组卷。

10.4.3 制图的线型简介

1. 实线：表示实物的线，为使图形清楚、明确，经常同时使用几种粗细不同的线条。
2. 虚线：虚线一般有两种情况，一种是实物被遮挡的线条，一种是辅助用线。
3. 点划线：表示实体的中心位置或轴线位置。

11 施工安全技术资料

11.1 施工企业安全生产管理

11.1.1 企业安全管理策划

企业安全管理策划包括以下内容：在建项目一览表，安全生产保证体系文件，企业安全目标，企业安全目标管理方案，施工现场安全生产保证计划及其评审记录、变更审批记录，在建项目危险源与不利环境因素识别评价及其汇总表，在建项目危险源或不利因素控制措施方案要素。

11.1.2 企业安全管理实施

企业安全管理实施包括9项内容：安全管理制度，安全教育培训记录及其汇总，安全物资供应商选择、评价记录，采购和租赁安全物资验证记录，分包方评价记录，分包方控制记录，分包方采购、租赁或自备安全物资验证记录，事故应急求援预案。

11.1.3 企业安全检查和改进

企业安全检查和改进包括6项内容：安全检查和整改记录，安全会议记录，安全监测仪器标准和维护记录，事故、不合格事项的调查、处理、跟踪记录，企业安全管理体系定期内部审核记录，预防措施记录。

11.1.4 企业安全生产评价

1. 安全生产条件评价,包括安全生产管理的制度,资质机构与人员管理,安全技术管理,设备与设施管理四种类型的评价。
2. 安全生产业绩评价。
3. 安全生产评价汇总。

11.2 工程项目安全生产管理

11.2.1 工程项目基本情况

包括工程概况,工程项目部安全管理组织机构框架图和工程项目管理人员名册。

11.2.2 责任、目标考核

1. 安全生产责任制考核,包括管理人员、作业人员的安全生产责任制考核和安全生产责任部门(班组)考核;
2. 安全生产管理目标考核及其汇总表;
3. 管理人员安全培训考核登记。

11.2.3 安全检查

1. 检查评分,包括建筑施工安全检查评分汇总表,安全管理检查评分,文明施工检查评分,以及各类脚手架检查、基坑支护安全检查、模板工程安全检查、"三宝""四口"防护检查、施工用电安全检查,物料提升机检查、外用电梯检查、塔吊检查、起重吊装安全检查和施工机具检查的评分。
2. 隐患整改、停工通知,包括项目部安全检查及隐患整改记录,停工通知书和复工通知书。

11.2.4 分部分项工程安全技术交底

11.2.5 安全教育培训

1. 新工人入场三级（公司、项目部、班组）安全教育记录及汇总；
2. 变换工种安全教育登记；
3. 作业人员、管理人员、急救人员的安全教育培训记录。

11.2.6 安全活动记录

安全活动记录包括14项内容：班组班前安全活动记录，施工安全日记，施工起重机械运行记录，基坑支护水平位移、沉降观测记录，气体检测记录，施工现场临时用电设备明细表，电工巡视维修记录，接地电阻测试记录，电气线路绝缘强度测试记录，施工现场临时用电设备检查记录，安全防护用具检查维修保养记录，机械设备、施工机具及配件的检查维修保养记录。

11.2.7 特种作业人员登记

11.2.8 工程事故档案

包括施工伤亡事故登记，施工伤亡事故快报，事故调查处理有关文件汇总及意外伤害保险登记。

11.2.9 安全警示标志

包括安全警示标志平面布置图和施工现场安全警示标志检查。

11.2.10 设备设施验收

1. 设备验收，包括安全防护用具进场查验登记，机械设备、施工机具及配件进场查验登记，井字架（龙门架）安装验收，施工电梯基础验收，外用电梯安装验收，施工电梯加节安装验收，塔吊基础验收、安装验收、起重吊装、施工机具安装验收；

2. 设施验收，包括脚手架、模板工程、临边洞口防护、施工现场临时用电和人工挖孔桩防护验收。

11.2.11 验证资料

包括产品质量证明文件和设备设施检验检测资料及其汇总。

11.2.12 报审表

包括施工组织设计（专项施工方案）报审，应急救援预案审批和模板拆除审批。

11.2.13 文明施工

包括五牌一图，动火作业审批，急救人员登记，义务消防人员登记，厨房工作人员健康证登记，施工现场消防设施验收，施工现场消防重点部位登记。

11.2.14 监理单位安全监理

包括监理单位安全检查记录，安全隐患整改通知单，暂时停止施工通知单，工程复工报审表和安全隐患报告书。

11.3 施工安全生产技术资料

11.3.1 安全生产管理制度

1. 安全生产责任制度，包括企业负责人、企业各管理部门、项目部的管理人员和操作工人的安全生产职责，安全生产责任制考核办法和目标考核办法。

2. 安全生产其他各项制度，包括安全生产教育培训管理制度，安全检查制度，班前安全活动制度，施工现场急救措施，防火消防安全制度，治安保卫制度，门卫制度，卫生管理制度，工地生活区管理制度，防火消防安全措施，施工现场防扬尘、防噪声污染措施和不扰民施工措施。

11.3.2 专项安全施工组织设计（方案）

包括施工现场临时用电安全施工组识设计，建筑基坑支护方案，土方开挖施工方案，模板施工方案，起重吊装工程安全施工方案，落地扣件式钢管脚手架施工组织设计，塔吊安装（拆除）方案，施工电梯安装（拆除）施工组织设计，井架安装（拆除）施工组织设计，人工挖孔桩工程安全施工方案，旧建筑物拆除工程安全施工方案，施工现场应急救援预案。

11.3.3 安全技术交底

包括地基与基础工程，模板工程，脚手架工程，钢筋混凝土工程，施工机具，机械设备，装饰装修工程，钢结构工程和其他作业的安全技术交底。

11.3.4 各工种安全操作规程及机械设备安全操作规程

11.4 安全监督

11.4.1 建设工程安全监督登记

包括建设工程安全监督登记表，建设工程施工前期安全措施登记及建设工程安全监督通知书。

11.4.2 建设工程安全监督计划

包括建设工程安全监督计划及安全监督交底记录。

11.4.3 建设工程各方责任主体安全行为监督

包括对业主，勘察、设计方，监理方，施工方及其他责任主体单位安全行为的检查；各方责任主体安全不良行为记录。

11.4.4 建设工程实体监督

包括施工安全监督（抽查），建设工程施工起重机械（设施）登记表和登记牌制度，建设工程安全隐患整改通知书，建设工程安全隐患整改情况报告书，暂时停止施工通知书，停工通知书，复工申请书，建筑工程施工安全评价书，安监工程项目一览表。

12 工程项目档案管理

12.1 工程项目档案资料的收集

12.1.1 工程项目档案的概念

1. 工程项目档案是在各种建筑物、构筑物、地上地下管线等市政基础设施建设工程的规划、设计、施工和使用、维修活动中形成的科技档案。

2. 工程项目档案的特点是以工程项目成套,并由建设工程项目的特点决定的,它具有成套性的特点。

12.1.2 工程项目档案的作用

1. 工程项目档案的依据作用

工程项目档案是维护、使用、检修工程对象的依据,尤其是在工程改造、扩建或遭到破坏进行修复时,都离不开工程项目档案。

2. 工程项目档案的凭证作用

工程项目档案在生产建设、经济领域中涉及到有关发生争执等问题时,经常发挥无可辩驳的凭证作用。

3. 工程项目档案的管理作用

工程项目档案在城市的规划、建设、运营中具有重要的管理作用,如对城市的规划、布局、地下管线、给水排水系统、地下通信系统、人防通道系统等的管理都需要工程档案。

12.1.3　工程项目文件资料的归档范围

确定归档范围是保证工程档案完整和质量的关键。

1. 确定归档范围的原则：根据工程项目文件材料的查考价值及工程项目的特殊性和重要程度确定归档范围。

2. 工程项目档案资料的范围和内容的依据是《城市建设档案管理规定》和《建设工程文件归档整理规定》（GB/T50328—2001）。

3. 在工程项目建设中由于建设主体不同，工程项目档案保存和提供利用存在差异，因此收集归档范围也不尽相同。资料员应明确各主体对象的归档范围，才能做好文件材料的收集工作。

建设单位是工程项目的直接责任人。其收集的范围应当是成套的、完整系统的，并以原件为主；施工单位应着重收集有关施工技术文件材料和施工管理方面的文件材料；监理单位收集有关工程监理文件材料；城建档案部门收集与城市规划、建设管理有关方面的材料和竣工图；物业管理部门对房屋及相关的物业有管理、维护的责任，也应保管一部分有关工程技术文件材料。

12.1.4　工程项目施工技术资料收集的工作要点

1. 掌握工程项目的建设程序；
2. 熟悉工程项目施工技术资料的内容及要求；
3. 明确归档范围；
4. 确定收集渠道；
5. 形成工作制度。

12.1.5　工程项目档案收集的控制措施

工程项目是一个系统工程，其建设周期长，文件材料来自于各方面，管理分散，为了畅通收集渠道，使所收集的文件材料完整、齐全，必须对收集工作采取必要的控制措施。

收集工作控制措施的方法：

1. 落实人员、明确职责

工程项目建设各方必须配备专职或兼职资料员（大项目设专职资料员），工程档案的收集、整理、归档工作应列入资料员和项目经理的岗位职责、定期考核。

2. 实行"三纳入"

"三纳入"就是把工程项目文件材料的形成和积累纳入工程建设程序，纳入工程建设工作计划，纳入有关部门和有关人员的职责范围。

3. 建立制约机制

（1）在项目经理的承包责任书中列入工程项目档案归档的内容；

（2）在工程承包合同或协议中明确编制竣工图、竣工资料的要求；

（3）建立竣工档案验收制度，档案管理部门应参加竣工资料检查验收。竣工档案不合格的，工程项目不得竣工验收。

12.2 施工技术文件的组卷方法和要求

施工技术文件要按单位工程进行组卷。文件材料较多时可以分册装订。

12.2.1 工程质量技术资料的组卷方法

1. 卷内文件排列顺序一般为封面、目录、文件材料和备考表。

2. 文件封面应有工程名称、开竣工日期、编制单位、卷册编号、单位技术负责人和法人代表或法人委托人签字并加盖单位公章。

3. 文件材料部分排列宜按以下顺序：

（1）施工组织设计；

（2）施工图设计文件会审、技术交底记录；

(3) 设计变更通知单、洽商记录;

(4) 原材料、成品、半成品、构配件、设备出厂质量合格证书，出厂检（试）验报告和复试报告（须一一对应）;

(5) 施工试验资料;

(6) 施工记录;

(7) 测量复核及预检记录;

(8) 隐蔽工程检查验收记录;

(9) 工程质量检验评定资料;

(10) 使用功能试验记录;

(11) 事故报告;

(12) 竣工测量资料;

(13) 竣工图;

(14) 工程竣工验收文件。

对于设备安装工程可参照上述顺序组卷。

4. 案卷规格及图纸折叠方式按城建档案管理部门要求办理。

12.2.2 工程项目安全生产管理资料组卷目录

1. 安全管理
(1) 安全生产责任制;
(2) 目标管理;
(3) 施工组织设计;
(4) 各工种及机械设备安全技术操作规程;
(5) 分部（分项）工程安全技术交底;
(6) 安全检查;
(7) 安全教育;
(8) 班前安全活动;
(9) 特种作业持证上岗;
(10) 工伤事故档案;
(11) 安全标志。

2. 文明施工

（1）管理制度、措施；
（2）动火审批，人员登记及消防验收。
3. 脚手架（施工方案及验收）。
4. 基坑支护、模板工程与"三宝"、"四口"防护。
5. 施工用电
（1）施工现场临时用电方案；
（2）施工现场临时用电设备明细表；
（3）施工现场临时用电验收表；
（4）电工巡视维修记录表；
（5）接地电阻测试记录表；
（6）电气线路绝缘强度测试记录；
（7）施工现场临时用电设备检查记录表。
6. 物料提升机，外用电梯与塔吊。
7. 起重吊装及施工机具。
8. 桩基础工程
（1）打桩作业专项方案；
（2）人工挖孔桩工程施工方案；
（3）人工挖孔桩工程防护检查验收表；
（4）气体检测记录表。
9. 验证资料
（1）产品质量证明文件汇总表；
（2）设备设施检验检测汇总表；
（3）机械设备进场查验登记表。

12.3 工程项目档案整理

12.3.1 工程项目档案整理工作的内容

1. 工程项目档案整理的原则是：遵循科技文件材料的自然形成规律和保持科技文件材料之间的有机联系，并便于利用和保管。

2. 工程项目档案整理工作的主要内容

(1) 对所形成的科技文件材料进行相应的鉴别工作；

(2) 将科技文件材料组成保管单位；

(3) 对保管单位进行科学的分类、排列、编目和装订。

12.3.2 工程项目档案的分类组卷方法

1. 保管单位

保管单位是一组具有有机联系的、价值和密级相同的科技文件材料的集合。

保管单位的主要特征：它是一组具有有机联系的科技文件材料，保管单位内的科技文件材料有一个相对的数量界限；保管单位内科技文件材料的保存价值和密级应是相同的；保管单位的形式有卷、册、袋、盒。

2. 技术文件的分类方法

(1) 工程项目档案一般采用工程项目分类法、阶段分类法、专业分类法进行分类组卷。

(2) 分类组卷工作步骤：鉴别整理文件材料，归类划分，卷内文件排列，组成保管单位。

(3) 建设单位可按阶段将工程建设项目的文件材料分成立项、设计、施工、竣工四个阶段，然后按单项工程分开，再按单位工程组合成卷。

(4) 施工单位对施工阶段的技术文件材料的分类，先将各单体工程分开，然后按单位工程分类（土建、安装、装饰），再按施工技术文件组卷的要求组卷。如隐蔽工程验收单较多，可组成若干个保管单位。

3. 卷内文件、图纸的排列

卷内文件排列：同一类材料一般按时间先后排列。图样材料可按建筑、结构、水暖、通风、电气等不同专业，分别组成保管单位，保管单位内图样的排列原则是：

(1) 有图纸目录的，按图纸目录顺序排列；

(2) 无图纸目录的，按总体和局部关系排列。排列次序是：总体布置图，系统图，平面图，立面图，剖面图，大样图等。即总体性、综合性图样在前，局部性图样居中，大样图排后。

4. 编目要求—要正确反映文件材料系统整理成果，揭示保管单位内科技文件材料的内容与成分，以便查找利用，二要能固定保管单位和卷内文件材料的排列顺序和位置；三要准确反映保管单位的特征，使用语言及符号标准、规范。

编目内容有编页号、编写卷内目录，编制备考表，填写案卷封面，编制案卷目录、档案号。

(1) 编页号

文件材料正反面有字的都必须编上页号，正面编在右下角，反面编在左下角。成本资料已有页号的，只编一页（备注中说明本内共几页）。编号不能编在裱糊白纸上，每卷之间不连号，一卷一个顺序号。

(2) 卷内目录

卷内目录指案卷内登记文件及其排列次序的目录，内容包括：

序号：一个文件编一个序号，有图纸目录的可只编一个序号。

文件编号：指该份文字材料的文件号或图样材料的图号。

责任者：填写文件材料的直接编制部门或主要责任者。

文件材料题名：填写文件材料标题的全称。

日期：文件材料的编制日期（年、月、日）。

页号：每份文件材料首页上标注的页号。

(3) 备考表

备考表要示明卷内文件材料的件数、页数及需要说明的问题，备考表排在文件材料尾页之后，应有立卷人签名和立卷时间。

（4）案卷封面

案卷题名：由三部分组成：项目名称——文件材料内容特征——文件材料名称，如××工程——结构阶段——隐蔽工程验收单。

编制单位：卷内文件材料的形成单位或主要责任者。

编制日期：卷内文件材料的起止日期。

保管期限：永久、长期、短期三种。

密级：依据保密规定确定。

（5）由档案部门编制案卷目录和档案号。

5. 工程项目竣工档案资料整理后，还应拟写《工程项目档案编制说明》，其内容包括工程简介和工程项目档案简介。

6. 凡需归档的项目档案，必须填写归档审查意见表，由项目负责人审查签字。

12.3.3 案卷的装订方法

1. 取掉金属物
2. 纸张的裱糊

案卷内文件材料要折叠为统一幅面，如有个别张页过小过狭的，可采取加边裱糊或垫衬纸裱糊的方法。

3. 图纸折叠

图纸折叠一般采用扇形折叠法，以便翻阅，折叠时可视案卷厚度进行交叉折叠，即向上或向下折，以免装订时厚薄不一；图标栏应露在外面。

4. 案卷制成材料的规格要求

卷内目录、备考表、卷皮等应按《城市建设档案管理规定》及接收归档资料所在地档案管理机构的要求执行。

5. 装订固定

采用线装法，钻三孔、孔与孔之间相隔7cm、线结打在封底后。

12.4 工程项目档案的归档及验收

12.4.1 建立归档制度

1. 归档工作要纳入有关部门的管理制度。
2. 归档材料的质量要求要纳入有关部门的管理标准和有关人员的岗位责任制,明确职责。
3. 归档时间按阶段收集归档,一个单项工程或单位工程结束,即收集归档。
4. 竣工验收后归档的时限要求
（1）竣工验收后一个月内向本单位档案室归档；
（2）施工总包单位负责收集汇总各分包单位的竣工资料,向建设单位移交,各分包施工单位向总包移交竣工资料；
（3）代甲方单位负责收集汇总从代管阶段开始的所有资料向建设单位移交。
5. 归档范围、份数和归档手续
（1）归档范围按规定办理；
（2）归档份数按合同约定办理；
（3）归档手续：填写移交清单一式两份。

12.4.2 归档的质量要求

1. 归档的工程项目文件材料必须经过系统整理。
2. 工程项目文件材料应完整、系统,所有文件、各种材料和图纸内容齐全,有请示、批复,不得缺页、缺项,成套材料保持相互间的有机联系和整体性；能完整地反映工程项目活动的全过程。
3. 工程项目各类技术资料的内容和所记载的数据必须真实可靠,竣工图与实物相一致。
4. 签署手续完备

施工中形成的材料质保书,试验报告等必须验收签证;

隐蔽工程验收单、设计变更通知单、工程洽商记录,要按有关规定的要求由施工、监理、设计、建设单位等签署;

竣工图必须有竣工章,竣工章上要有编制人和项目技术负责人签字。

5. 书写材料符合规定要求,字迹工整,图形清晰,用纸规范、标准,装订整齐划一,以利长久保存。

12.4.3 工程项目档案的验收

1. 档案验收的方法包括:阶段验收和预验收,档案验收与工程验收同步进行。

2. 档案验收的基本要求是档案的完整性、准确性和系统性。

3. 档案验收的检查内容及质量要求

(1) 查依据性文件材料;

(2) 查设计文件材料;

(3) 查施工技术文件材料;

(4) 查专项验收材料;

(5) 核对竣工图;

(6) 查案卷质量:包括内在质量和外观质量。

13 相关的法律法规性文件

13.1 建筑业十项新技术

关于进一步做好建筑业10项新技术推广应用的通知
建设部，建质［2005］26号

自1994年在建筑业推广应用10项新技术以来，通过各地示范工程的带动，对促进建筑业进步发挥了积极作用。为了适应建筑技术迅速发展的形势，持续发展"建筑业10项新技术"的引导作用，我部对"建筑业10项新技术"内容进行了修订，形成了"建筑业10项新技术（2005）"。这次修订将"建筑业10项新技术"扩充为10个大类，内容以房屋建筑工程为主，突出通用技术，兼顾铁路、交通、水利等其他土木工程；所推广技术既成熟可靠，又代表了现阶段我国建筑业技术发展的最新成就。

随着建筑市场秩序逐步规范，科学技术作为第一生产力的作用日益突出，一批具有核心竞争力、技术实力强的企业在市场竞争中迅速做大做强。但总体看，我国建筑业仍处于增长方式粗放、效益较低的发展阶段，一些企业缺乏主动采用新材料、新工艺、新技术的动力，众多工程仍在使用落后的工艺和技术。为了树立和落实科学发展观，促进经济增长方式的转变，要在建筑业继续加大以10项新技术为主要内容的新技术推广力度，带动全行业整体技术水平的提高。

各地区、各部门要通过树立新技术应用示范工程，并组织观摩交流，培训学习，带动本地区、本部门新技术的广泛应用。要按照《建设部建筑业新技术应用示范工程管理办法》的要求，积极申报部级示范工程。建设部建筑业新技术应用示范工程既可以是应用了多项新技术的综合性示范工程，也可以是某一项（子项）新技术应用水平突出的单项示范工程。原则上，建设部建筑业新技术应用示范工程每年组织申报和评审一批。申报工程完成示范新技术内容，并通过专家评审后，授予"建设部建筑业新技术应用示范工程"称号。各类优质工程的评选应优先从"建筑业新技术应用示范工程"中选取，以提高优质工程的科技含量。

建设部 2005 年 3 月 23 日

建筑业 10 项新技术（2005）

1. 地基基础和地下空间工程技术
1.1　桩基新技术
1.1.1　灌注桩后注浆技术
1.1.2　长螺旋水下灌注成桩技术
1.2　地基处理技术
1.2.1　水泥粉煤灰碎石桩（CFG 桩）复合地基成套技术
1.2.2　夯实水泥土桩复合地基成套技术
1.2.3　真空预压法加固软基技术
1.2.4　强夯法处理大块石高填方地基
1.2.5　爆破挤淤法技术
1.2.6　土工合成材料应用技术
1.3　深基坑支护及边坡防护技术
1.3.1　复合土钉墙支护技术
1.3.2　预应力锚杆施工技术
1.3.3　组合内支撑技术
1.3.4　型钢水泥土复合搅拌桩支护结构技术
1.3.5　冻结排桩法进行特大型深基坑施工技术
1.3.6　高边坡防护技术
1.4　地下空间施工技术

1.4.1 暗挖法
1.4.2 逆作法
1.4.3 盾构法
1.4.4 非开挖埋管技术
2. 高性能混凝土技术
2.1 混凝土裂缝防治技术
2.2 自密实混凝土技术
2.3 混凝土耐久性技术
2.4 清水混凝土技术
2.5 超高泵送混凝土技术
2.6 改性沥青路面施工技术
3. 高效钢筋与预应力技术
3.1 高效钢筋应用技术
3.1.1 HRB400级钢筋的应用技术
3.2 钢筋焊接网应用技术
3.2.1 冷轧带肋钢筋焊接网
3.2.2 HRB400钢筋焊接网
3.2.3 焊接箍筋笼
3.3 粗直径钢筋直螺纹机械连接技术
3.4 预应力施工技术
3.4.1 无粘结预应力成套技术
3.4.2 有粘结预应力成套技术
3.4.3 拉索施工技术
4. 新型模板及脚手架应用技术
4.1 清水混凝土模板技术
4.2 早拆模板成套技术
4.3 液压自动爬模技术
4.4 新型脚手架应用技术
4.4.1 碗扣式脚手架应用技术
4.4.2 爬升脚手架应用技术

4.4.3 市政桥梁脚手架施工技术
4.4.4 外挂式脚手架和悬挑式脚手架应用技术
5. 钢结构技术
5.1 钢结构CAD设计与CAM制造技术
5.2 钢结构施工安装技术
5.2.1 厚钢板焊接技术
5.2.2 钢结构安装施工仿真技术
5.2.3 大跨度空间结构与大型钢构件的滑移施工技术
5.2.4 大跨度空间结构与大跨度钢结构的整体顶升与提升施工技术
5.3 钢与混凝土组合结构技术
5.4 预应力钢结构技术
5.5 住宅结构技术
5.6 高强度钢材的应用技术
5.7 钢结构的防火防腐技术
6. 安装工程应用技术
6.1 管道制作（通风、给水管道）连接与安装技术
6.1.1 金属矩形风管薄钢板法兰连接技术
6.1.2 给水管道卡压连接技术
6.2 管线布置综合平衡技术
6.3 电缆安装成套技术
6.3.1 电缆敷设与冷缩、热缩电缆头制作技术
6.4 建筑智能化系统调试技术
6.4.1 通信网络系统
6.4.2 计算机网络系统
6.4.3 建筑设备监控系统
6.4.4 火灾自动报警及联动系统
6.4.5 安全防范系统
6.4.6 综合布线系统
6.4.7 智能化系统集成

6.4.8 住宅（小区）智能化

6.4.9 电源防雷与接地系统

6.5 大型设备整体安装技术（整体提升吊装技术）

6.5.1 直立单桅杆整体提升桥式起重机技术

6.5.2 直立双桅杆滑移法吊装大型设备技术

6.5.3 龙门（A字）桅杆扳立大型设备（构件）技术

6.5.4 无锚点推吊大型设备技术

6.5.5 气顶升组装大型扁平罐顶盖技术

6.5.6 液压顶升拱顶罐倒装法

6.5.7 超高空斜承索吊运设备技术

6.5.8 集群液压千斤顶整体提升（滑移）大型设备与构件技术

6.6 建筑智能化系统检测与评估

6.6.1 系统检测

6.6.2 系统评估

7. 建筑节能和环保应用技术

7.1 节能型围护结构应用技术

7.1.1 新型墙体材料应用技术及施工技术

7.1.2 节能型门窗应用技术（幕墙是公共建筑，故不宜在这里体现）

7.1.3 节能型建筑检测与评估技术

7.2 新型空调和采暖技术

7.2.1 地源热泵供暖空调技术

7.2.2 供热采暖系统温控与热计量技术

7.3 预拌砂浆技术

8. 建筑防水新技术

8.1 新型防水卷材应用技术

8.1.1 高聚物改性沥青防水卷材应用技术

8.1.2 自粘型橡胶沥青防水卷材

8.1.3 合成高分子防水卷材：包括合成橡胶类防水卷材和

合成树脂类防水片（卷）材
  8.2   建筑防水涂料
  8.3   建筑密封材料
  8.4   刚性防水砂浆
  8.5   防渗堵漏技术
9. 施工过程监测和控制技术
9.1   施工过程测量技术
9.1.1   施工控制网建立技术
9.1.2   施工放样技术
9.1.3   地下工程自动导向测量技术
9.2   特殊施工过程监测和控制技术
9.2.1   深基坑工程监测和控制
9.2.2   大体积混凝土温度监测和控制
9.2.3   大跨度结构施工过程中受力与变形监测和控制
10. 建筑企业管理信息化技术
10.1   工具类技术
10.2   管理信息化技术
10.3   信息化标准技术

13.2 建筑施工企业安全生产管理机构设置及专职安全生产管理人员配备办法

建设部，建质［2004］213号，2004年12月1日发

第一条 为规范建筑施工企业和建设工程项目安全生产管理机构的设置及专职安全生产管理人员的配置工作，根据《建设工程安全生产管理条例》，制定本办法。

第二条 本办法适用于土木工程、建筑工程、线路管道和设备安装工程及装修工程的新建、改建、扩建和拆除等活动。

第三条 安全生产管理机构是指建筑施工企业及其在建设工程项目中设置的负责安全生产管理工作的独立职能部门。

建筑施工企业所属的分公司、区域公司等较大的分支机构应当各自独立设置安全生产管理机构，负责本企业（分支机构）的安全生产管理工作。建筑施工企业及其所属分公司、区域公司等较大的分支机构必须在建设工程项目中设立安全生产管理机构。

安全生产管理机构的职责主要包括：落实国家有关安全生产法律法规和标准、编制并适时更新安全生产管理制度、组织开展全员安全教育培训及安全检查等活动。

第四条 专职安全生产管理人员是指经建设主管部门或者其他有关部门安全生产考核合格，并取得安全生产考核合格证书在企业从事安全生产管理工作的专职人员，包括企业安全生产管理机构的负责人及其工作人员和施工现场专职安全生产管理人员。

企业安全生产管理机构负责人依据企业安全生产实际，适时修订企业安全生产规章制度，调配各级安全生产管理人员，监督、指导并评价企业各部门或分支机构的安全生产管理工作，配合有关部门进行事故的调查处理等。

企业安全生产管理机构工作人员负责安全生产相关数据统计、安全防护和劳动保护用品配备及检查、施工现场安全督查等。

施工现场专职安全生产管理人员负责施工现场安全生产巡视督查，并做好记录。发现现场存在安全隐患时，应及时向企业安全生产管理机构和工程项目经理报告；对违章指挥、违章操作的，应立即制止。

第五条 建筑施工总承包企业安全生产管理机构内的专职安全生产管理人员应当按企业资质类别和等级足额配备，根据企业生产能力或施工规模，专职安全生产管理人员人数至少为：

（一）集团公司——1人/（$10^6 m^2$·年）（生产能力）或每10亿元施工总产值·年，且不少于4人。

（二）工程公司（分公司、区域公司）——1人/（$10^5 m^2$·

年)(生产能力)或每1亿元施工总产值·年,且不少于3人。

(三)专业公司——1人/($10^5 m^2$·年)(生产能力)或每1亿元施工总产值·年,且不少于3人。

(四)劳务公司——1人/50名施工人员,且不少于2人。

第六条 建设工程项目应当成立由项目经理负责的安全生产管理小组,小组成员应包括企业派驻到项目的专职安全生产管理人员,专职安全生产管理人员的配置为:

(一)建筑工程、装修工程按照建筑面积:

1. $10^4 m^2$ 及以下的工程至少1人;

2. $(1\sim5)\times10^4 m^2$ 的工程至少2人;

3. $5\times10^4 m^2$ 以上的工程至少3人,应当设置安全主管,按土建、机电设备等专业设置专职安全生产管理人员。

(二)土木工程、线路管道、设备按照安装总造价:

1. 5000万元以下的工程至少1人;

2. 5000万~1亿元的工程至少2人;

3. 1亿元以上的工程至少3人,应当设置安全主管,按土建、机电设备等专业设置专职安全生产管理人员。

第七条 工程项目采用新技术、新工艺、新材料或致害因素多、施工作业难度大的工程项目,施工现场专职安全生产管理人员的数量应当根据施工实际情况,在第六条规定的配置标准上增配。

第八条 劳务分包企业建设工程项目施工人员50人以下的,应当设置1名专职安全生产管理人员;50~200人的,应设2名专职安全生产管理人员;200人以上的,应根据所承担的分部分项工程施工危险实际情况增配,并不少于企业总人数的5‰。

第九条 施工作业班组应设置兼职安全巡查员,对本班组的作业场所进行安全监督检查。

第十条 国务院铁路、交通、水利等有关部门和各地可依照本办法制定实施细则。有关部门已有规定的,从其规定。

第十一条 本办法由建设部负责解释。

13.3 危险性较大工程安全专项施工方案编制及专家论证审查办法

建设部，建质 [2004] 213 号，2004 年 12 月 1 日发

第一条 为加强建设工程项目的安全技术管理，防止建筑施工安全事故，保障人身和财产安全，依据《建设工程安全生产管理条例》，制定本办法。

第二条 本办法适用于土木工程、建筑工程、线路管道和设备安装工程及装修工程的新建、改建、扩建和拆除等活动。

第三条 危险性较大工程是指依据《建设工程安全生产管理条例》第二十六条所指的七项分部分项工程，并应当在施工前单独编制安全专项施工方案。

（一）基坑支护与降水工程

基坑支护工程是指开挖深度超过 5m（含 5m）的基坑（槽）并采用支护结构施工的工程，或基坑虽未超过 5m，但地质条件和周围环境复杂、地下水位在坑底以上等工程。

（二）土方开挖工程

土方开挖工程是指开挖深度超过 5m（含 5m）的基坑、槽的土方开挖。

（三）模板工程

各类工具式模板工程，包括滑模、爬模、大模板等；水平混凝土构件模板支撑系统及特殊结构模板工程。

（四）起重吊装工程。

（五）脚手架工程

1. 高度超过 24m 的落地式钢管脚手架；
2. 附着式升降脚手架，包括整体提升与分片式提升；
3. 悬挑式脚手架；
4. 门型脚手架；
5. 挂脚手架；

6. 吊篮脚手架;

7. 卸料平台。

（六）拆除、爆破工程

采用人工、机械拆除或爆破拆除的工程。

（七）其他危险性较大的工程

1. 建筑幕墙的安装施工；
2. 预应力结构张拉施工；
3. 隧道工程施工；
4. 桥梁工程施工（含架桥）；
5. 特种设备施工；
6. 网架和索膜结构施工；
7. 6m以上的边坡施工；
8. 大江、大河的导流、截流施工；
9. 港口工程、航道工程；
10. 采用新技术、新工艺、新材料，可能影响建设工程质量安全，已经行政许可，尚无技术标准的施工。

第四条 安全专项施工方案编制审核

建筑施工企业专业工程技术人员编制的安全专项施工方案，由施工企业技术部门的专业技术人员及监理单位专业监理工程师进行审核，审核合格，由施工企业技术负责人、监理单位总监理工程师签字。

第五条 建筑施工企业应当组织专家组进行论证审查的工程

（一）深基坑工程

开挖深度超过5m（含5m）或地下室三层以上（含三层），或深度虽未超过5m（含5m），但地质条件和周围环境及地下管线极其复杂的工程。

（二）地下暗挖工程

地下暗挖及遇有溶洞、暗河、瓦斯、岩爆、涌泥、断层等地质复杂的隧道工程。

（三）高大模板工程

水平混凝土构件模板支撑系统高度超过8m，或跨度超过18m，施工总荷载大于10 kN/m²，或集中线荷载大于15kN/m的模板支撑系统。

（四）30m及以上高空作业的工程。

（五）大江、大河中深水作业的工程。

（六）城市房屋拆除爆破和其他土石大爆破工程。

第六条 专家论证审查

（一）建筑施工企业应当组织不少于5人的专家组，对已编制的安全专项施工方案进行论证审查。

（二）安全专项施工方案专家组必须提出书面论证审查报告，施工企业应根据论证审查报告进行完善，施工企业技术负责人、总监理工程师签字后，方可实施。

（三）专家组书面论证审查报告应作为安全专项施工方案的附件，在实施过程中，施工企业应严格按照安全专项方案组织施工。

第七条 国务院铁路、交通、水利等有关部门和各地可依照本办法制定实施细则。

第八条 本办法由建设部负责解释。

13.4 广东省建筑施工安全管理资料统一用表

广东省建厅，粤建管［2004］471号 2004年月10月9日发

为进一步加强建筑施工安全生产管理，统一全省建筑施工安全技术管理资料，推进建筑施工安全管理资料规范化、标准化、信息化建设，我厅委托省建设工程质量安全监督监测总站组织编制了《广东省建筑施工安全管理资料统一用表》（以下简称《统一用表》）及配套使用的电脑软件。现决定从2004年12月1日起，全省建筑工程施工安全管理资料统一使用《统一用表》及配套使用的电脑软件。2004年12月1日起凡在我省新开工的建

设项目安全生产管理均应使用《统一用表》。

请做好贯彻执行、检查和督促施工、监理企业和施工安全监督机构统一使用《统一用表》的工作。

《统一用表》由省建设厅负责管理，省建设工程质量安全监督检测总站负责具体解释工作。

13.5 相关的法律法规文件、规范标准目录

市政基础设施工程施工技术文件管理规定，建设部，建城［2002］221号文

房屋建筑工程和市政基础设施工程竣工验收暂行规定，建设部，建［2000］142号文

建筑工程施工质量验收统一标准，GB50300—2001

建设工程文件归档整理规定，GB/T50328—2001

建筑施工安全检查标准，JGJ59—99

施工企业安全生产评价标准，JGJ/T77—2003